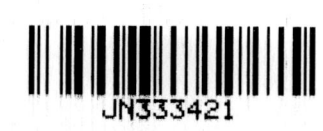

くらべてわかる！
イヌとネコ

＼ひみつがいっぱい／

体《からだ》・習性《しゅうせい》・くらし

浜田一男 写真　大野瑞絵 著　林 良博 監修

はじめに

この本は、イヌやネコが好《す》きな人たちにはもちろんのこと、そうでない人たちにも読んでいただきたい内容《ないよう》になっています。イヌやネコに関心《かんしん》がない人でも、なぜ知人があれほどまでイヌやネコを愛《あい》しているのかを知りたいと思うかもしれません。その答えは、この本のいろんな所にあります。イヌやネコがどんな動物なのかを知ることが、彼《かれ》らに愛情《あいじょう》を注ぐ人たちを理解《りかい》する早道です。

この本にも紹介《しょうかい》されていますが、古今東西《ここんとうざい》、イヌやネコを愛した歴史上《れきしじょう》の人物は数多くいます。とくに偉人《いじん》たちは孤独《こどく》に耐《た》えなければならないことが少なくなく、彼らにとってイヌやネコは代えがたい存在《そんざい》であったにちがいありません。現在《げんざい》もセラピー犬やセラピー猫《ねこ》として、多くの人びとに貢献《こうけん》しています。

イヌとネコは、おなじ食肉目《しょくにくもく》（ネコ目《もく》）に属《ぞく》する動物ですので、多くの点でにていますが、食性《しょくせい》はかなりちがいます。すなわち、食肉目本来の「肉食性《にくしょくせい》」を維持《いじ》しているネコと、家畜化《かちくか》されてからの歴史が長く、「肉が好きな雑食性《ざっしょくせい》」になったイヌのちがいです。また、野生時代からのちがいがそのまま維持されている特徴《とくちょう》としては、ネコは単独生活者であるのに対《たい》し、イヌは群《む》れ生活者としての性《せい》格《かく》をもっていることや、ネコは木登りが得意《とくい》で高いところを好《この》むのに対し、イヌは木登りが不得意《ふとくい》な点です。

　またイヌとネコはヒトと同じように、母乳《ぼにゅう》で子育てをしますので、親子（母子）の愛情表現《あいじょうひょうげん》は、思わず擬人化《ぎじんか》してしまうほど深いものがあります。

　しかし、日本にかぎらず世界では、人びとの好みがイヌ派《は》、ネコ派と分かれることがあります。700年の歴史をほこる英国《えいこく》のケンブリッジ大学では、19世紀《せいき》後半まで女性《じょせい》の入寮《にゅうりょう》が禁《きん》じられていましたが、ネコが出入りするのは公認《こうにん》されていました。現在《げんざい》でも大学ネコはディナーつき、試験《しけん》なしで、行方不明《ゆくえふめい》になると学生がそうさく隊《たい》を出すといいます。いっぽう、イヌを飼《か》うことは禁じられていました。イヌは権力《けんりょく》に弱いので、大学には不向《ふむ》きだというのです。

　世界の先進国《せんしんこく》の多くでは、イヌよりもネコのほうが多く飼育《しいく》されています。核家族化《かくかぞくか》が進んだ日本も、いずれそうなるかもしれません。しかし、19世紀初頭《しょとう》に活躍《かつやく》したスコットランドの詩人であり作家のウォルター・スコットが、「イヌの寿命《じゅみょう》が短い究極《きゅうきょく》の原因《げんいん》を考えてみたことがある。それはきっと人間への同情《どうじょう》からにちがいない。なぜなら、知り合って10年か12年でイヌを失《うしな》うことにあれほど苦しむなら、イヌがその2倍も生きたとしたら、人の悲しみは計り知れないからだ」とのべたように、イヌへの根強い愛情は、ネコへのそれと同じように、国をこえて生きつづけるでしょう。

独立行政法人《どくりつぎょうせいほうじん》　国立科学博物館《こくりつかがくはくぶつかん》館長　林《はやし》　良博《よしひろ》

もくじ

くらべてわかる！
イヌとネコ
ひみつがいっぱい
体《からだ》・習性《しゅうせい》・くらし

イヌやネコを愛《あい》した偉人《いじん》たち

偉人《いじん》たちにもイヌ好《ず》き、ネコ好きの人たちがたくさんいます。だれがイヌ派《は》でだれがネコ派なのか、調べてみるのも面白いかもしれません。

イヌ好《ず》き

西郷隆盛《さいごうたかもり》

上野公園《うえのこうえん》にある西郷隆盛《さいごうたかもり》の銅像《どうぞう》は、薩摩犬《さつまいぬ》を連《つ》れてウサギ狩《が》りに出かけるすがたを元《もと》にしています。西郷は、実際《じっさい》に猟犬《りょうけん》を何頭も飼《か》っていたといわれています。

エリザベス２世

イギリスの女王エリザベス２世は、イギリス原産《げんさん》のウェルシュ・コーギー・ペンブロークの愛好家《あいこうか》として有名です。1947年の新婚旅行《しんこんりょこう》にも、誕生日《たんじょうび》プレゼントにもらったスーザンという愛犬《あいけん》をつれていきました。

ヘレン・ケラー

ヘレン・ケラーは、1937年に日本《にほん》に講演旅行《こうえんりょこう》で来たときに秋田犬《あきたいぬ》がたいへん気に入り、アメリカまでつれて帰りました。この秋田犬が、アメリカにわたった最初《さいしょ》の秋田犬といわれています。

聖徳太子《しょうとくたいし》

聖徳太子《しょうとくたいし》（厩戸皇子《うまやどのおうじ》）の愛犬《あいけん》の雪丸《ゆきまる》は、人のことばがわかりお経《きょう》を読めたという伝説《でんせつ》があり、奈良県王寺町《ならけんおうじちょう》の達磨寺《だるまじ》には、雪丸の石像《せきぞう》があります。

ネコ好《ず》き

ニュートン

万有引力《ばんゆういんりょく》の法則《ほうそく》を発見したアイザック・ニュートンは、いつも飼《か》いネコにドアの開閉《かいへい》をねだられていたため、ネコが自由に部屋に出入りするための専用《せんよう》のドアを発明したといわれます。

チャーチル

イギリスの首相《しゅしょう》ウィンストン・チャーチルは、ネコ好《ず》きで有名で、自分の死後もジョックという名のネコが家に住みつづけられるようにいい残《のこ》しました。博物館《はくぶつかん》となった彼《かれ》の家には、現在《げんざい》もジョックの子孫《しそん》が住みつづけています。

ヘミングウェイ

ノーベル賞作家《しょうさっか》アーネスト・ヘミングウェイは、友人からもらったスノーボールという名前の６本指のネコを、幸運のシンボルとしてかわいがりました。このためアメリカでは、６本指のネコはヘミングウェイ・キャットともよばれます。

夏目漱石《なつめそうせき》

夏目漱石《なつめそうせき》は、小説『吾輩《わがはい》は猫《ねこ》である』のモデルとなった黒いのらネコをかわいがっていて、そのネコが死んだときには、知人に死亡通知《しぼうつうち》のはがきを送ったりしています。

1章《しょう》

くらべてわかる！

イヌの体と
ネコの体

体のつくりをくらべてみよう！

イヌ

イヌは、祖先《そせん》であるオオカミににたすがたをしています。

かつては集団《しゅうだん》で獲物《えもの》を追いかけて狩《か》りをしていたため、後ろ足の筋肉《きんにく》が発達《はったつ》し、速《はや》く走るのに適《てき》した体つきをしています。また鼻先《はなさき》が長く、獲物にかみつくために口が大きく開くのも特徴《とくちょう》です。

品種改良《ひんしゅかいりょう》の結果《けっか》、現在《げんざい》はさまざまな体格《たいかく》をしたイヌがいて、この特徴にあてはまらない犬種もいます。

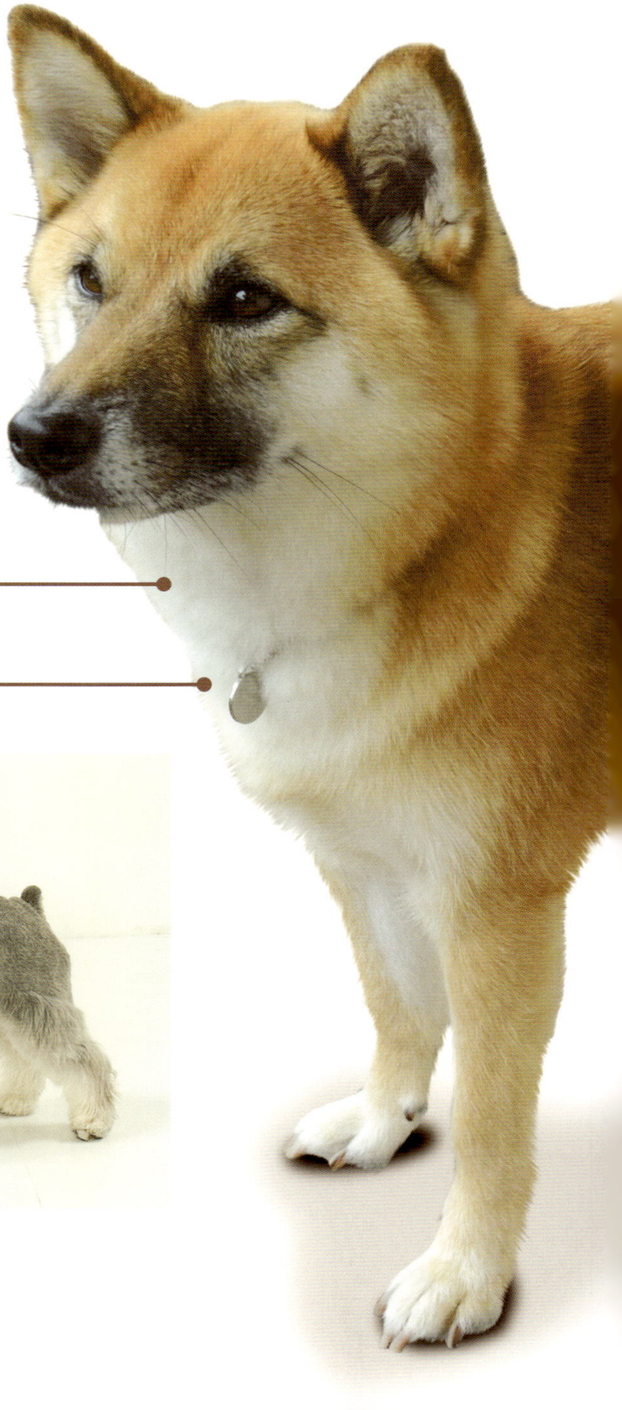

首

古いタイプのイヌの特徴《とくちょう》を残《のこ》している日本犬《にほんけん》は、首が太く、がっちりとした胸元《むなもと》です。

体の大きさ

イヌの大きさをあらわすには「体高《たいこう》」を用います。背《せ》中《なか》から地面までの高さのことです。犬種《けんしゅ》によるちがいは大きく、チワワの体高は約《やく》20cm《センチメートル》、グレートデンの体高は70 ～ 80cmくらいあります。

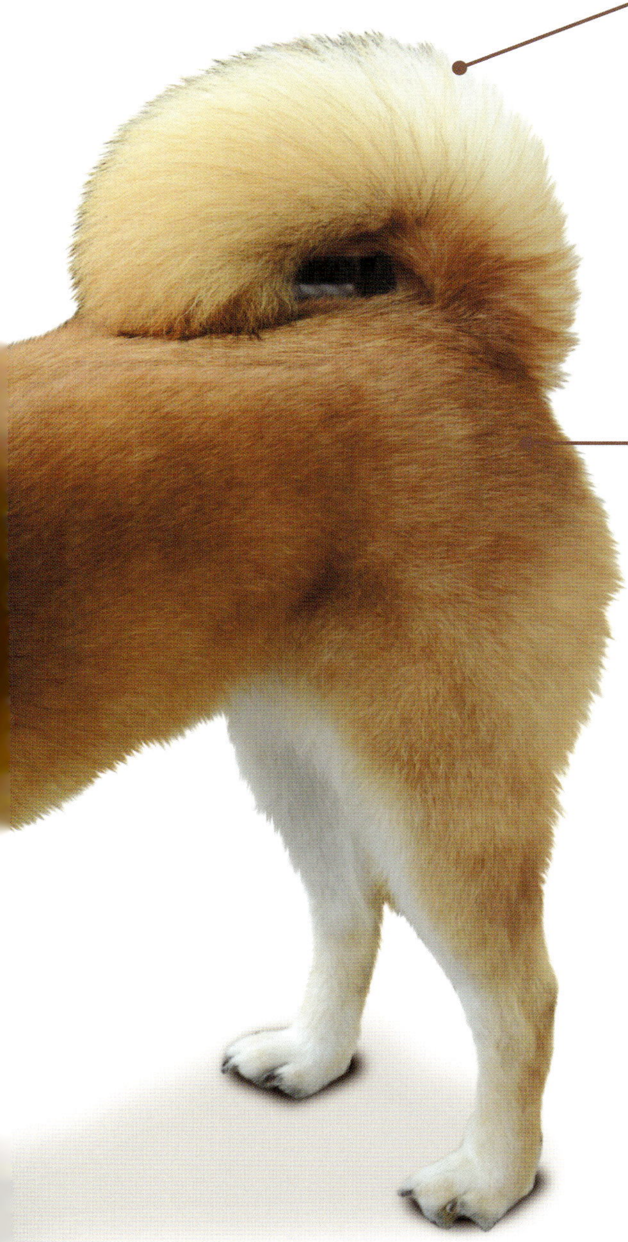

⬆雑種《ざっしゅ》

しっぽ

走るときに、バランスをとる、方向を変《か》える、風のていこうでブレーキをかけるといった働《はたら》きをします。体を丸めてねむるときに鼻先を守る役目もあります。

毛

毛はよごれや寄《き》生虫《せいちゅう》などから皮ふを守ったり、体温を一定にたもつ働《はたら》きをします。イヌの毛にはシングルコートとダブルコートという２種類《しゅるい》があります。日本犬《にほんけん》の毛はやわらかく細い「下《した》毛《げ》」と、体の表面に生えている長い「上《うわ》毛《げ》」の二層構《にそうこう》造《ぞう》をもつダブルコートになっています。

データ

心拍数《しんぱくすう》
〈大型犬《おおがたけん》〉１分あたり60～80回
〈小型犬〉１分あたり80～120回
呼吸数《こきゅうすう》　１分あたり20～30回
体　温　38～39℃《ど》

体のつくりをくらべてみよう！

ネコ

ネコの体型《たいけい》は、トラなどのネコ科の猛獣《もうじゅう》をそのまま小さくしたようです。体つきはとてもしなやかです。バランス感覚《かんかく》がすぐれていて、関節《かんせつ》がやわらかく細やかな動きが得意《とくい》で、そっと獲物《えもの》に近づくことができます。狩《か》りにむいた、がっちりしたあごをもっています。力強い後ろ足の筋肉《きんにく》のおかげで、ジャンプ力や瞬発力《しゅんぱつりょく》がすぐれています。

データ

心拍数《しんぱくすう》
　1分あたり130～160回
呼吸数《こきゅうすう》
　1分あたり20～30回
体　温　38～39℃《ど》

目の色

ネコの目の色は、虹彩《こうさい》（瞳孔《どうこう》のまわり）の色によって緑、薄茶《うすちゃ》、黄色、赤茶に分けることができます。

ネコのなかには目の色が左右でちがい、片目《かため》だけが青いものがいます。「オッドアイ」といい、毛が白いネコにあらわれやすいといわれます。

毛

ネコは、毛の長さによって日本猫《にほんねこ》のように毛が短い「短毛種《たんもうしゅ》」と、ヒマラヤンのように毛が長い「長毛種《ちょうもうしゅ》」に分けることができます。そのほかには、ちぢれた毛やごわごわした毛のネコ、ほとんど毛の生えていないネコもいます。

しっぽ

しっぽにはバランスをとる役割《やくわり》があります。ネコの祖先《そせん》は長いしっぽをもっていましたが、ペットとなったのち、短いもの、とちゅうで折《お》れているもの、しっぽがないものなど、いろいろなしっぽのネコが登場しました。日本のネコは、短いしっぽをもつものが多いです。

体の大きさ

小さい種類《しゅるい》はシンガプーラ（2.5kg《キログラム》）、大きい種類はメインクーン（８kg）と、種類によるちがいはありますが、イヌほどの大きな差《さ》はありません。

⬆ 三毛猫《みけねこ》

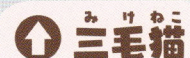

イヌの種類《しゅるい》

イヌ

イヌは、食肉目《しょくにくもく》（ネコ目《もく》*）イヌ科イヌ属《ぞく》に分類《ぶんるい》されます。タイリクオオカミの亜種《あしゅ》で「イエイヌ」というのが正式なイヌの名前です。イヌ属にはオオカミのほかコヨーテやジャッカルなどがいます。

イヌは、とくに欧米《おうべい》で狩猟犬《しゅりょうけん》や使役犬《しえきけん》、愛玩犬《あいがんけん》などさまざまな目的《もくてき》のために品種改良《ひんしゅかいりょう》が行われました。その結果《けっか》、現在《げんざい》は世界中で700以上《いじょう》の品種があります。

トイ・プードル

カールした毛が特徴的《とくちょうてき》で、テディベアカットのトリミングが人気です。もともとは水辺《みずべ》での狩《か》りを手伝《てつだ》っていた大型犬《おおがたけん》でした。かしこくて活発、明るい性格です。体重は2～4kg《キログラム》。

パピヨン

ヨーロッパの貴族《きぞく》に人気のあった犬種《けんしゅ》です。毛が長く、とても優美《ゆうび》です。羽を広げたチョウのような耳が名前の由来です。従順《じゅうじゅん》でおだやかな性格《せいかく》です。体重は4～5kg《キログラム》。

チワワ

世界最小《せかいさいしょう》の犬種《けんしゅ》。とても活発です。警戒心《けいかいしん》が強いですが飼《か》い主《ぬし》には忠実《ちゅうじつ》であまえんぼう。中南米《ちゅうなんべい》に起源《きげん》をもっています。短毛《たんもう》タイプと長毛《ちょうもう》タイプがいます。体重は3kg《キログラム》くらいまで。

ミニチュア・ダックスフンド

もとは地下の巣穴《すあな》でアナグマを追いかける狩猟犬《しゅりょうけん》。胴長短足《どうながたんそく》ボディはそのためです。好奇心《こうきしん》が強く順応性《じゅんのうせい》があります。体重5kg《キログラム》まで。

フレンチ・ブルドッグ

ブルドッグを祖先《そせん》にもつ犬種《けんしゅ》。がっちりした体型《たいけい》で、コウモリ耳とよばれる大きな耳と鼻ぺちゃ顔が特徴《とくちょう》です。社交的《しゃこうてき》で愛情豊《あいじょうゆた》か。体重8～14kg《キログラム》。

*最近では、食肉目《しょくにくもく》ではなくネコ目《もく》ということばが用《もち》いられることが多い。

ラブラドール・レトリーバー

もとは狩《か》りの際《さい》に獲物《えもの》を回収《かいしゅう》（レトリーブ）するイヌ。学習能力《がくしゅうのうりょく》が高く、盲導犬《もうどうけん》としてもかつやくしています。気立てがよくて従順《じゅうじゅん》。体重30kg《キログラム》前後。

ジャーマン・シェパード・ドッグ

警察犬《けいさつけん》、災害救助犬《さいがいきゅうじょけん》などさまざまなシーンでかつやくする才能豊《さいのうゆた》かなイヌです。かしこくて訓練《くんれん》を好《この》みます。落ちついた性格《せいかく》で、飼《か》い主《ぬし》に忠実《ちゅうじつ》です。体重34 ～ 43kg《キログラム》。

ビーグル

ノウサギ狩《が》りに使われた狩《しゅ》猟犬《りょうけん》。がっちりした体格《たいかく》をしています。おだやかで人なつこく、ほかのイヌとも仲《なか》よくできます。スヌーピーのモデルとしても有名。体重８～ 14kg《キログラム》。

　最小《さいしょう》のイヌは愛玩犬《あいがんけん》のチワワ（体高約《たいこうやく》20cm《センチメートル》）、最大のイヌは救助犬《きゅうじょけん》のセントバーナード（体高約65 ～ 90cm《センチメートル》）と、その大きさもバラエティに富《と》んでいます。

コラム

イヌ　オオカミ犬

　オオカミ犬はウルフドッグともよばれ、シベリアン・ハスキーやジャーマン・シェパードなどの大型犬《おおがたけん》と、家畜《かちく》化《か》されたオオカミとの交配《こうはい》によって生まれたイヌのことです。群《む》れの結《むす》びつきがとても強く、仲間《なかま》には友好的《ゆうこうてき》で、飼《か》い主《ぬし》がしっかりしたリーダーとして存在《そんざい》していれば従順《じゅうじゅん》だといわれます。

オオカミ60%《パーセント》、イエイヌ40%のオオカミ犬。

ネコの種類《しゅるい》

ネコ

　ネコは、イヌと同じ食肉目《しょくにくもく》（ネコ目《もく》）で、ネコ科ネコ属《ぞく》に分類《ぶんるい》されます。正式な名前は「イエネコ」といいます。
　ネコの品種《ひんしゅ》はイヌに比《くら》べるととても少なく、四十数種類《すうしゅるい》といわれています。放《はな》し飼《が》いで飼われることが多いためにはんしょくをコントロールすることが難《むずか》しかったり、イヌのように仕事をさせるための品種改良《ひんしゅかいりょう》が行われてこなかったからでしょう。世界中の90%《パーセント》のネコが雑種《ざっしゅ》だといわれています。

マンチカン

1980年代に突然変異《とつぜんへんい》で誕生《たんじょう》した短足のネコから生まれた新しい種類《しゅるい》。足は短くても運動能力《うんどうのうりょく》にちがいはなく、木登りも得意《とくい》です。体重２～４kg《キログラム》ほど。

スコティッシュフォールド

スコットランドの農場で生まれた１匹《ぴき》の耳《みみ》折《お》れネコがルーツです。人なつっこくあまえんぼうな性格《せいかく》をしています。体重３～５kg《キログラム》ほど。

ロシアンブルー

ビロードのように密度《みつど》がこくてなめらかな、ブルーグレーの毛とグリーンの目をもつネコ。スリムな体《たい》型《けい》をしています。性格《せいかく》はイヌのようだといわれるほど従順《じゅうじゅん》です。体重は３～５kg《キログラム》ほど。

メインクーン

「メイン州のアライグマ」という名前をもつ、世界最大級《せかいさいだいきゅう》のネコ。長い毛におおわれ長いしっぽをもち、耳の先から毛が生えています。かしこくておだやかな性格《せいかく》です。体重４～９kg《キログラム》ほど。

ジャパニーズボブテイル

日本猫《にほんねこ》をもとにアメリカで品種改良《ひんしゅかいりょう》されました。すらっとした体型《たいけい》で、つけ根から丸まった短いしっぽが特徴的《とくちょうてき》です。性《せい》格《かく》は順応性《じゅんのうせい》があっておだやかです。体重３～５kg《キログラム》ほど。

アメリカンショートヘア

うず巻《ま》きのようなしま模様《もよう》をもつネコ。好奇心旺盛《こうきしんおうせい》で陽気な性格《せいかく》です。ネズミ退治《たいじ》などを得意《とくい》としていました。体重３～６kg《キログラム》ほど。

ペルシャ

長く豊《ゆた》かな毛並《けな》みでとてもゴージャスなふんいきをもつネコです。「ネコの王様」ともよばれます。体格《たいかく》はずんぐりしていて、はなれた目と低《ひく》い鼻が特徴的《とくちょうてき》。温和な性格《せいかく》をしています。体重３～５kg《キログラム》ほど。

コラム

ネコ

大型《おおがた》のネコ科の動物たち

ネコ科には、ヤマネコなどの小型《こがた》のネコの仲間《なかま》のほかに、百獣《ひゃくじゅう》の王《おう》とよばれるライオン、トラやヒョウなど大型の動物も属《ぞく》しています。体の大きさはまったくちがいますが、動物園などで観察《かんさつ》しているとネコににた仕草《しぐさ》や表情《ひょうじょう》を見ることもあります。ネコ科のほとんどは単独生活《たんどくせいかつ》をしますが、ライオンは、ネコ科にはめずらしく群《む》れを作ってくらします。

歴史《れきし》をくらべてみよう！

イヌ

世界にはたくさんの種類《しゅるい》のペットがいますが、なかでもイヌはヒトにとって特別《とくべつ》な存在《そんざい》です。はるか１万年以上《いじょう》も昔から、イヌは私たちのそばにいて、仕事を手つだったり、心をなごませてくれました。イヌとヒトとの歴史《れきし》を見てみましょう。

先史時代《せんしじだい》

今から１万2000年前の中近東《ちゅうきんとう》*で、オオカミのなかから、ヒトとくらすことを選《えら》ぶものがあらわれました。それらがヒトになれて家畜《かちく》のイヌになったと考えられています。ただし、イヌの家畜化はもっと古くて、３万2000年前に東南アジアではじまったという説《せつ》もあります。

イヌは、ヒトのそばでくらせば残《のこ》った食べ物をもらえます。ヒトにとっても、番犬をしたり狩《か》りを手つだってくれるイヌは役立つ動物でした。イヌは「人類最古《じんるいさいこ》の友《とも》」とよばれるように、はるか昔からヒトの近くにいたのです。

＊中近東《ちゅうきんとう》とは、西アジアとアフリカ北東部、トルコ、シリアなどをふくむ地域《ちいき》。

タイリクオオカミ

古代《こだい》

紀元前《きげんぜん》５世紀《せいき》から４世紀に成立《せいりつ》した旧約聖書《きゅうやくせいしょ》には、牧羊犬《ぼくようけん》が働《はたら》く姿《すがた》も書かれています。

紀元前７世紀から４世紀の古代《こだい》ローマでは、狩猟犬《しゅりょうけん》や軍用犬《ぐんようけん》のほか、ペットとしてもイヌが飼《か》われていました。この時代のモザイク画にはイヌも多くかかれていて、火山の噴火《ふんか》で灰《はい》にうもれた町、ポンペイの遺跡《いせき》では「イヌに注意」というモザイク画も発見されています。

中世《ちゅうせい》～近世《きんせい》

中世《ちゅうせい》ヨーロッパでは、イヌは忠誠《ちゅうせい》のシンボルとして絵画にえがかれました。

身分の高い女性《じょせい》たちには愛玩犬《あいがんけん》が人気でした。フランスのポンパドゥール夫人《ふじん》（1721～1764年）や、王妃《おうひ》マリー・アントワネット（1755～1793年）はパピヨンをかわいがっていたことが知られています。トイ・プードルが作られたのもこのころです。中国原産《ちゅうごくげんさん》のパグはオランダ王室で愛《あい》されたほか、フランス皇帝《こうてい》ナポレオンの妻《つま》・ジョセフィーヌ（1763～1814年）や、ロシアの皇帝エカテリナ２世（1729～1796年）もパグを飼《か》っていたといいます。

パグ

近代《きんだい》

1822年、イギリスで家畜《かちく》に暴力《ぼうりょく》をふるうことなどを防止《ぼうし》する法律《ほうりつ》がもうけられ、２年後にはロンドンで動物虐待防止協会《どうぶつぎゃくたいぼうしきょうかい》が作られました。

1873年には、イヌの血統管理《けっとうかんり》などを行う最古《こ》の団体《だんたい》「ケネル・クラブ」がイギリスで作られました。ケネル・クラブは犬種《けんしゅ》ごとの標準的《ひょうじゅんてき》な体つきなどの決まり（スタンダード）を作り、ドッグショーを開きました。

18世紀《せいき》から19世紀にかけて、産業革命《さんぎょうかくめい》が起こり社会のしくみが大きく変《か》わると、庶民《しょみん》もイヌをペットとして飼《か》うようになりました。

コラム

イヌ　狩《か》りの能力《のうりょく》が現代《げんだい》も生きている

イヌは飼《か》い主《ぬし》が指《ゆび》さしたものが分かるというすぐれた能《のう》力《りょく》をもっています。この能力は、もっともヒトに近い脳《のう》をもつチンパンジーでさえ、もっていません。

イヌのこの能力は、先史時代《せんしじだい》にヒトといっしょに狩《か》りをするのに役立ちました。現在《げんざい》では、飼い主が指さした新聞や雑誌《ざっし》などを運んでくれるのに役立つだけでなく、手や足に障《しょう》がいのある人を助ける介助犬《かいじょけん》として活躍《かつやく》するために、かかせない能力となっています（50ページ参照《さんしょう》）。

歴史《れきし》をくらべてみよう！

ネコ

ネコとヒトとの歴史《れきし》はイヌに比《くら》べれば短いですが、3500年くらい前までさかのぼることができます。ネコが神として大事にされた時代もあれば、悪魔《あくま》の使いと思われた時代もあります。ヒトにとって神秘的《しんぴてき》な存在《そんざい》だった、ネコの歴史を見てみましょう。

古代以前《こだいいぜん》

ネコの祖先《そせん》は、現在《げんざい》アフリカや中近東《ちゅうきんとう》にすむリビアヤマネコと考えられています。ネコが家《か》畜《ちく》になった歴史《れきし》は、はっきりしたことがわかりません。それは、外見やくらし方がイエネコとヤマネコとであまりちがわないため、たとえ遺《い》跡《せき》からネコの骨《ほね》が出てきても、それが飼《か》われていたネコなのかわかりにくいからです。9500年前の地中海《ちちゅうかい》のキプロス島の遺跡からは、ヒトといっしょに埋葬《まいそう》されたネコの骨が見つかっていて、これを最古《さいこ》のイエネコと考える研究者もいます。

リビアヤマネコ

古代《こだい》

定説《ていせつ》では、今から3500年前くらいの古代《こだい》エジプトで、ネズミなどの害獣《がいじゅう》をとるためにネコが家畜化《かちくか》されたといわれています。エジプトでは壁画《へきが》に飼《か》いネコのようすがえがかれているほか、神として崇拝《すうはい》される存在《そんざい》でもありました。

約《やく》2000年前、ローマ帝国《ていこく》の時代にネコはヨーロッパ全体に広まり、ペットとして、また、ネズミとりをしてくれる動物として受け入れられていきました。アジアにネコが来たのは、インドには紀元前《きげんぜん》500年ごろ、中国には紀元300年ごろのことです。

中世《ちゅうせい》

キリスト教の広まりとともにネコは迫害《はくがい》されるようになっていきます。夜になると足音もさせずに活動するようすや、ヒトに従順《じゅうじゅん》ではないところなどが、その理由だったのかもしれません。

15世紀《せいき》以降《いこう》、ヨーロッパでキリスト教に反する人びとを迫害《はくがい》する「魔女狩《まじょが》り」が行われた際《さい》に、ネコも魔女の手先として火あぶりにされたといいます。

その一方で、ネコのネズミをとる能力《のうりょく》は高く評価《ひょうか》されていました。15世紀にはじまる大航《だいこう》海時代《かいじだい》には、貿易《ぼうえき》や探検《たんけん》のために世界中を航海する船に、ネズミを退治《たいじ》するネコが乗りこんでいました。

近世《きんせい》～近代《きんだい》

近世《きんせい》になると、さまざまなネコの種類《しゅるい》が各地で生まれています。

1600年代、ヨーロッパからアメリカにわたる移民船《いみんせん》には、ネズミとりのためにネコが乗っていました。メインクーンも、そんなネコを祖《そ》先《せん》にもっています。また1620年、メイフラワー号に乗ってイギリスからアメリカにわたったネコの子孫《しそん》がアメリカンショートヘアです。ペルシャのもととなるネコがイランからヨーロッパにもち帰られたのもこのころのことです。

1871年には、イギリスで最初《さいしょ》のキャットショーが開かれました。このころから、ネコの種類ごとのスタンダードが定められるようになっていきます。

コラム　イヌとネコの共通《きょうつう》の祖先《そせん》

イヌとネコの祖先《そせん》をさかのぼっていくと、約《やく》6000万年前にいたミアキスというほ乳類《にゅうるい》にたどりつきます。イヌもネコも、同じ祖先をもっているのです。ミアキスは現在《げんざい》のイタチににたほ乳類でしたが、森林での生活を選《えら》んだものはネコへ、草原のくらしを選んだものはイヌへと進化したと考えられています。

ミアキス（想像図《そうぞうず》）

日本人《にほんじん》とのかかわり

イヌ

日本にいた最初《さいしょ》のイヌは縄文犬《じょうもんけん》とよばれ、猟犬《りょうけん》や番犬《ばんけん》として働《はたら》いていました。その後、渡来人《とらいじん》とともに海《うみ》をわたって来た弥生犬《やよいけん》と混血《こんけつ》して現在《げんざい》の日本犬《にほんけん》になったと考えられています。しかし北《ほっ》海道犬《かいどういぬ》や琉球犬《りゅうきゅういぬ》には、縄文犬の特徴《とくちょう》が強く残《のこ》されているといわれます。

時代《じだい》	できごと
縄文時代《じょうもんじだい》	●縄文犬《じょうもんけん》が猟犬《りょうけん》として飼《か》われたと考えられ、ていねいに埋葬《まいそう》されたイヌの骨《ほね》も見つかっている。
弥生時代《やよいじだい》	●貝塚《かいづか》から食用のために解体《かいたい》されたイヌの骨《ほね》が見つかっている。
古墳時代《こふんじだい》	●群馬県伊勢崎市《ぐんまけんいせさきし》から、6世紀《せいき》ごろの、首輪《くびわ》をした飼《か》い犬らしきはにわが発見されている。
飛鳥時代《あすかじだい》	●6世紀後半には番犬もしくは猟犬《りょうけん》としてイヌを飼《か》う、犬養部《いぬかいべ》という職業《しょくぎょう》があった。 ●ウマ、ウシ、イヌ、サル、ニワトリのような動物の肉を食べることが禁止《きんし》された。
平安時代《へいあんじだい》	●貴族《きぞく》の間でイヌやネコがペットとして飼《か》われるようになった。『枕草子《まくらのそうし》』(10世紀末《せいきまつ》～11世紀成立《せいりつ》)には、一条天皇《いちじょうてんのう》がネコをひじょうにかわいがったことが書かれている。
鎌倉時代《かまくらじだい》	●武芸《ぶげい》の訓練《くんれん》として、馬上《ばじょう》からイヌに向かって矢をいる犬追物《いぬおうもの》などが行われた。
江戸時代《えどじだい》	●徳川綱吉《とくがわつなよし》の時代(1680～1709年)に、生類憐《しょうるいあわ》れみの令《れい》が出された。野犬《やけん》が保護《ほご》され、また犬食《けんしょく》などが罰《ばっ》せられた。
明治時代《めいじじだい》	●外国人がもちこんだ洋犬《ようけん》が、英語の「come《カム》 here《ヒア》(来い)」がなまったカメという名でよばれた。 ●1905年に最後《さいご》のニホンオオカミがとらえられ、そのあと確《たし》かな記録《きろく》がないため、ニホンオオカミは絶滅《ぜつめつ》したと考えられている。
昭和時代《しょうわじだい》	●数がへっていた日本犬を守るため、1928年に日本犬保存会《にほんけんほぞんかい》が設立《せつりつ》される。 ●1932年、渋谷駅《しぶやえき》で主人を待ちつづけた、忠犬《ちゅうけん》ハチ公の新聞記事が話題となる。 ●1960年に童謡《どうよう》「犬のおまわりさん」が発表される。その後、テレビで放送されるなどして、人気曲となる。
平成時代《へいせいじだい》	●2002年、盲導犬《もうどうけん》・介助犬《かいじょけん》・聴導犬《ちょうどうけん》を使う人の自立と社会参加《しゃかいさんか》をめざした身体障害者補助犬《しんたいしょうがいしゃほじょけん》法《ほう》が成立。

縄文時代《じょうもんじだい》の貝塚《かいづか》から出土《しゅつど》したイヌの骨《ほね》。ヒトの子《こ》どもの近《ちか》くに埋葬《まいそう》されていた。(愛知県田原市《あいちけんたはらし》・吉胡貝塚資料館《よしごかいづかしりょうかん》の再現《さいげん》展示《てんじ》)

ネコ

日本の飼《か》いネコの歴史《れきし》は、お経《きょう》をネズミから守るために中国から船に乗せられて来たのが始まりと考えられていました。しかし最近《さいきん》になって、長崎県《ながさきけん》壱岐島《いきしま》にあるカラカミ遺跡《いせき》からネコの骨《ほね》や足あとなどが見つかり、弥生時代《やよいじだい》から日本にすんでいたと考えられるようになりました。

時代《じだい》	できごと
弥生時代《やよいじだい》	●長崎県《ながさきけん》壱岐島《いきしま》にあるカラカミ遺跡《いせき》から、日本最古《にほんさいこ》（紀元《きげん》１～３世紀《せいき》）のイエネコの骨《ほね》が発見されている。
古墳時代《こふんじだい》～ 奈良時代《ならじだい》	●兵庫県姫路市《ひょうごけんひめじし》で発見された、6世紀末《せいきまつ》～7世紀の須恵器《すえき》（焼《や》き物《もの》の一種《いっしゅ》）には、ネコの足あとが残《のこ》されている。 ●８世紀ごろに、お経《きょう》をネズミの被害《ひがい》から守るために、中国からネコを取りよせた。唐《とう》（今の中国《ちゅうごく》）からやってきたことから、唐猫《からねこ》とよばれ大切にされた。
平安時代《へいあんじだい》	●日本最古《にほんさいこ》の仏教説話集《ぶっきょうせつわしゅう》である『日本霊異記《にほんりょういき》』（810～824年ごろ成立《せいりつ》）に、ネコに関連《かんれん》した物語があり、これが日本に残《のこ》されたいちばん古いネコの話と考えられている。 ●宇多天皇《うだてんのう》（867～931年）の日記に、黒猫《くろねこ》を飼《か》い、たいへんかわいがっていたことがしるされている。 ●このころはまだネコは貴重《きちょう》な存在《そんざい》だったため、ひもにつないで飼《か》われていた。
平安時代末期《へいあんじだいまっき》～ 鎌倉時代初期《かまくらじだいしょき》	●日本最古《にほんさいこ》のまんがとよばれ、国宝《こくほう》に指定されている『鳥獣戯画《ちょうじゅうぎが》』には、烏帽子《えぼし》をかぶったネコの姿《すがた》がえがかれている。
江戸時代《えどじだい》	●カイコを育てている農家などを相手に、ネズミの害《がい》を防《ふせ》ぐ効果《こうか》があるといって、ネコの絵を売る商売があった。 ●19世紀《せいき》、佐賀藩《さがはん》のお家騒動《いえそうどう》を題材《だいざい》にした、『化《ば》け猫騒動《ねこそうどう》』が芝居《しばい》となり人気を集めた。 ●江戸末期《えどまっき》には、幸運をまねくマスコットとして、まねき猫《ねこ》が人気を集める。
昭和時代《しょうわじだい》	●1949年、動物愛護《どうぶつあいご》デーが制定《せいてい》される。その後、９月20～26日が、動物愛護週間《どうぶつあいごしゅうかん》となった。 ●1966年、ＮＨＫ《エヌエイチケー》の番組「みんなのうた」で、『ねこふんじゃった』が放送される。ピアノの練習曲としても有名だが、作曲者は不明《ふめい》。

まねき猫《ねこ》

顔のひみつ！

イヌ

マズル（目から鼻にかけて）が長いのがイヌの顔の特徴《とくちょう》です。その分、においを感じる細胞《さいぼう》が多く、するどい嗅覚《きゅうかく》（においを感じる力）をもつのです。大きな獲物《えもの》に食らいつけるよう、口は大きくさけています。

コラム

イヌ 3種類《しゅるい》あるイヌの顔

イヌの顔には、標準的《ひょうじゅんてき》な日本犬《にほんけん》タイプのほかに、ボルゾイのように頭の幅《はば》がせまくてマズルが長い長頭型《ちょうとうがた》、パグのように頭の幅が広くてマズルは短い鼻ぺちゃ顔の短《たん》頭型《とうがた》があります。

パグ

ボルゾイ

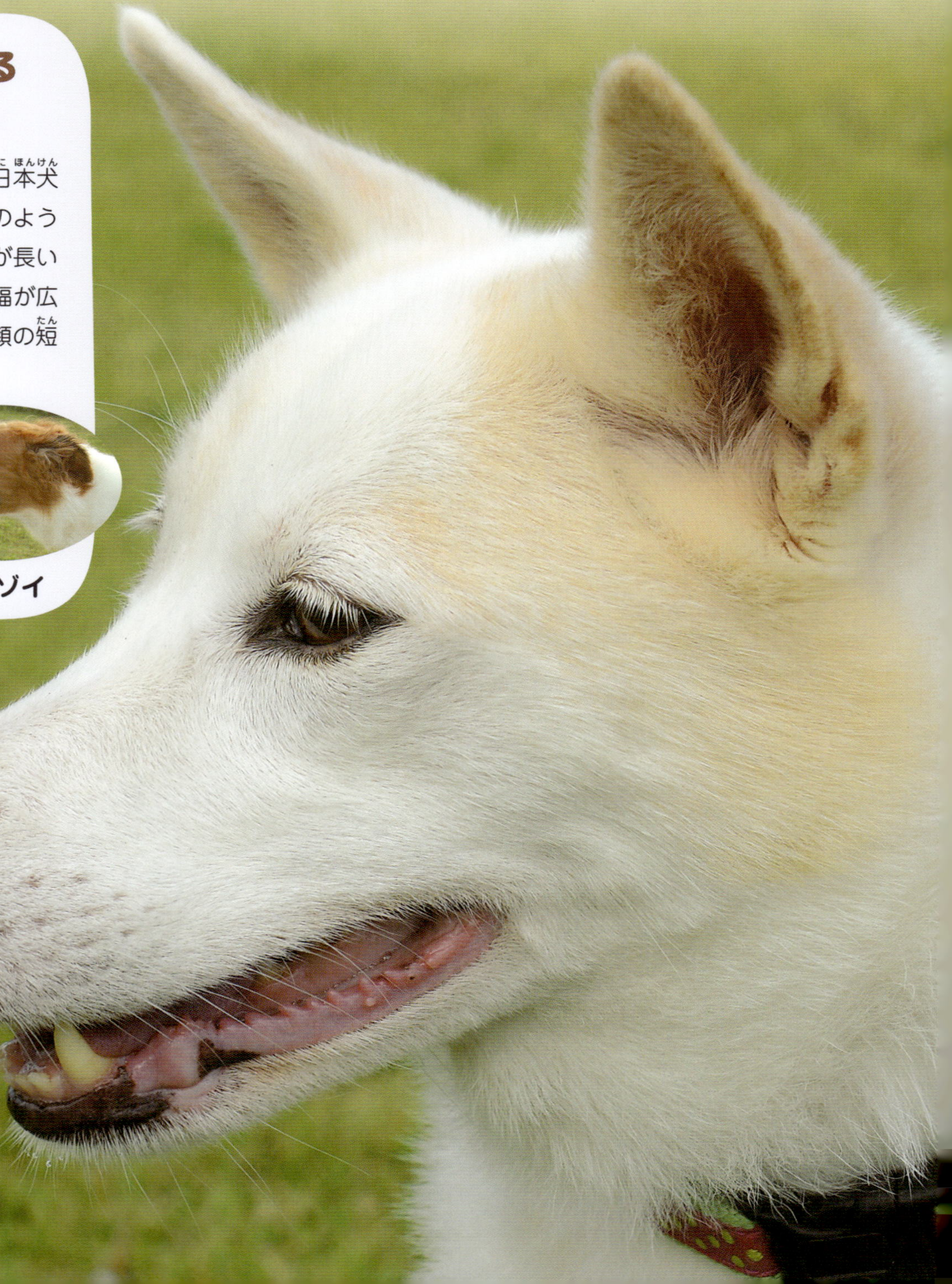
標準的《ひょうじゅんてき》な日本犬《にほんけん》タイプ

ネコ

目が顔の正面にあるのがネコの顔の特徴《とくちょう》です。そのために両目でものを立体的《りったいてき》に見る「両眼視《りょうがんし》」が可能《かのう》で、獲物《えもの》との距離《きょり》を正確《せいかく》に、はかることができます。豊《ゆた》かなひげも獲物の動きをとらえるのに役立ちます。

コラム

ネコ ネコはなぜかわいい？

ヒトが赤ちゃんの丸い顔や大きな目、小さな鼻と口を見て「かわいい」と感じるのは、本能的《ほんのうてき》なものだといいます。ネコが瞳孔《どうこう》（27ページ参照《さんしょう》）を丸くしたときの表情《ひょうじょう》にはその要素《ようそ》がたくさん。「かわいい」と思うのは当然《とうぜん》のことなのです。

耳のひみつ！

イヌ

　嗅覚《きゅうかく》の次にするどいイヌの感覚《かんかく》が聴覚《ちょうかく》（音を聞く力）で、ヒトの６倍の能力《のうりょく》をもっています。高い音を聞くこともでき、猟師《りょうし》がイヌをよぶときに使う「犬笛《いぬぶえ》」の音はヒトには聞こえません。音が聞こえてくる向きをさぐるため、前後左右に耳を動かすことができます。
　耳は、動かし方で気持ちを伝《つた》えるコミュニケーションツールでもあります。

愛《あい》らしいイメージのあるたれ耳。つけ根からたれていたり、とちゅうからたれているなど、いくつかの種類《しゅるい》があります。

立ち耳は、音を集めやすいので、たれ耳よりも音に関する感覚《かんかく》はするどくなっています。

ネコ

　ネコの五感のうち最《もっと》もすぐれているのが聴覚《ちょうかく》です。ネズミが出すとても高い音の鳴き声や小さな足音を聞き取り、暗い中でも狩《か》りを成功《せいこう》させるために発達《はったつ》したのです。左右《さゆう》別々《べつべつ》に動かすことができるので、音の方向をさぐるのも得意《とくい》です。耳には血管《けっかん》がたくさん通っていて、体温を調節《ちょうせつ》する役割《やくわり》もあります。

音の聞こえる範囲《はんい》（可聴域《かちょういき》）

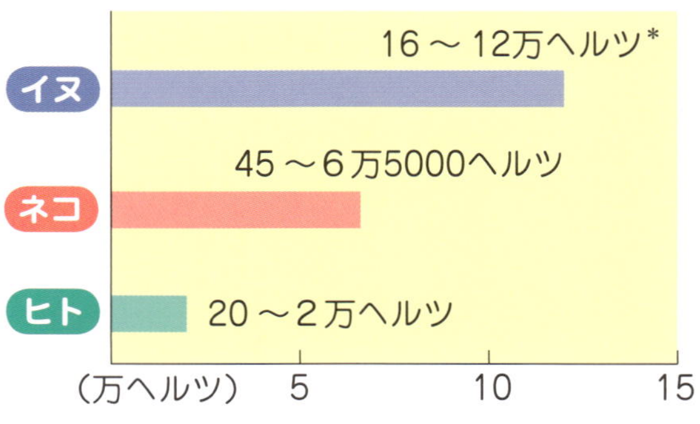

＊周波数《しゅうはすう》の単位。周波数とは音が１秒間に振動《しんどう》する回数。

鼻のひみつ！

イヌ

ヒトの100万倍、においの種類《しゅるい》によっては１億倍《おくばい》ともいわれるイヌの嗅覚《きゅうかく》。そのわけは鼻の中にある、においを受け取る細胞《さいぼう》がある粘膜《ねんまく》の面積《めんせき》がとても広いからです（ヒトは４cm^2《平方センチメートル》、イヌは18～150cm^2）。においは狩《か》りだけでなく仲間《なかま》どうしのコミュニケーション手段《しゅだん》としてもとても重要《じゅうよう》なもので、生まれたときにはすでに嗅覚が発達《はったつ》しています。

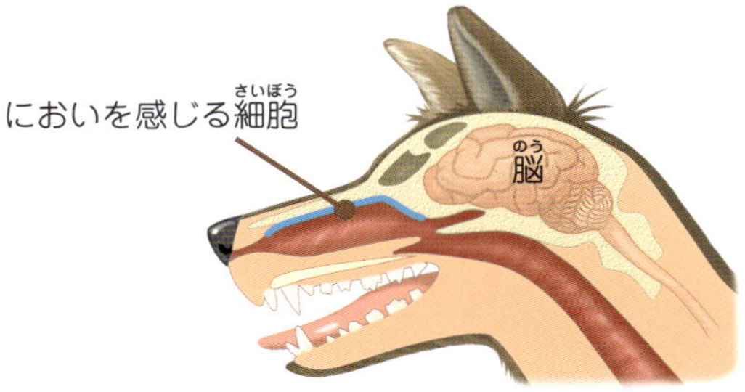

しめった鼻

鼻がつねにうっすらしめっているのは、においの成分《せいぶん》をキャッチしやすくするためです。目覚《めざ》めているときは適度《てきど》にしめっているのが健康《けんこう》のサインです。

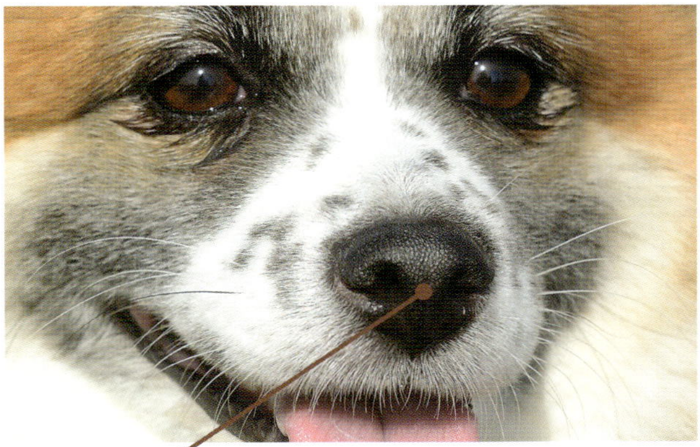

鼻紋《ひもん》

鼻の表面にあるデコボコした模様《もよう》を鼻紋《びもん》といいます。ヒトの指紋《しもん》と同じようにひとつとして同じものがなく、生涯《しょうがい》にわたって変わらないので、個体《こたい》を見分けるのに使うことができます。

ネコ

イヌほどではありませんが、ネコの嗅覚《きゅうかく》もヒトよりするどく、においを受け取る粘膜《ねんまく》の面積《めんせき》はヒトの５倍あります。

さらにネコは、鼻以外の器官《きかん》でもにおいを感じます。ネコはあごの下やしっぽのつけ根などにある臭腺《しゅうせん》から出るにおい物質《ぶっしつ》（フェロモン）を交尾《こうび》のための情報《じょうほう》のやり取りに用いていますが、そのにおいは鼻ではなくヤコブソン器官で受け取っているのです。

ヤコブソン器官《きかん》

ネコが、口を半開きにした独特《どくとく》の表情《ひょうじょう》をしていることがあります。これは、口の中（上あご）にあるヤコブソン器官《きかん》という場所でフェロモンを受け取ろうとしているのです。これをフレーメン反応《はんのう》といいます。
(イヌにもヤコブソン器官はありますが、ネコほどわかりやすいフレーメン反応はしていません)

歯のひみつ！

イヌ

イヌの口は、大きな獲物《えもの》をとらえるために大きく開きます。かむ力は人より数十倍も強いといわれます。歯は全部で42本あります。ヒトと同じように、切歯《せっし》（前歯《まえば》）、犬歯《けんし》、前臼歯《ぜんきゅうし》・後臼歯《こうきゅうし》（奥歯《おくば》）があります。

裂肉歯《れつにくし》

裂肉歯《れつにくし》はハサミのようにかみ合い、肉を切りさく役目があります。

犬歯《けんし》

長くするどい歯で、獲《え》物《もの》をつきさし、固定《こてい》する役割《やくわり》をもちます。「牙《きば》」ともよばれます。

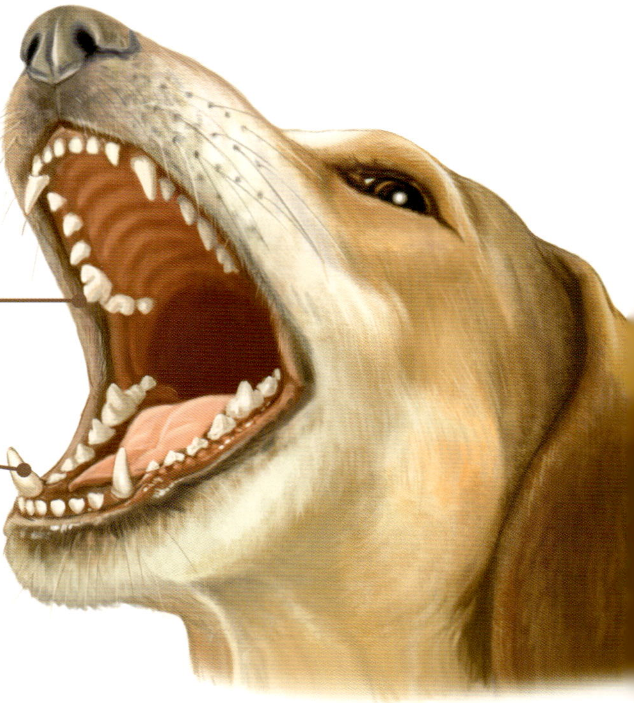

ネコ

ネコには全部で30本の歯があります。するどい犬歯《けんし》、大きな裂肉歯《れつにくし》など、肉食動物らしい歯をもちます。かみ切った肉は丸飲みするので、食べ物をすりつぶす働《はたら》きをする後臼歯《こうきゅうし》は数も少なく、退《たい》化《か》しています。

犬歯《けんし》

ネコの歯のうち最《もっと》も発《はっ》達《たつ》しています。獲物《えもの》にとどめをさす役割《やくわり》をもっています。

コラム　イヌとネコの歯の本数

イヌの歯は全部で42本。その内訳《うちわけ》は、切歯《せっし》が上下６本ずつ、犬歯《けんし》が上下２本ずつ、前臼歯《ぜんきゅうし》が上下８本ずつ、後臼歯《こうきゅうし》が上に４本、下に６本です。

ネコの歯は全部で30本。その内訳は、切歯が上下６本ずつ、犬歯が上下２本ずつ、前臼歯が上に６本、下に４本、後臼歯が上下２本ずつです。

イヌは生まれたときには歯がなく、４週目ごろから乳歯《にゅうし》が生え始め、生後半年くらいで永久歯《えいきゅうし》が生えそろいます。ネコも生まれたときにはまだ歯はなく、生後３～４週で乳歯が生え始め、生後半年までに永久歯が生えそろいます。

目のひみつ！

イヌ

視力《しりょく》はあまりよくなく、ヒトでいうと「近視《きんし》」です。目が顔のやや側面《そくめん》についているので視野《しや》は広いのですが、すぐ目の前のものに焦点《しょうてん》を合わせるのは苦手です。

ネコ

瞳孔《どうこう》が細くなっているとき。

瞳孔《どうこう》が開いたところ。

ネコも視力《しりょく》はよくありません。暗いときには瞳孔《どうこう》を大きく広げて光を取りこみ、明るいときには瞳孔を細くして光の量《りょう》を調節《ちょうせつ》します。

コラム

ヒトの目とここがちがう

赤色が見えない

ヒトの目には、光の三原色《さんげんしょく》である赤・青・緑を感じる細胞《さいぼう》があるため、これらを組み合わせたカラフルな世界が見えていますが、イヌやネコに見えているのは、二原色の世界です。

暗いところでもよく見える

イヌもネコも、暗くてもものを見ることができます。光を感じる細《さい》胞《ぼう》のおくにあるタペタムとよばれる部分で、わずかな光を反射《はんしゃ》させて受け取る光の量《りょう》をふやしています。

動きに強い

じっとしているものはあまりよく見えないイヌとネコですが、動いているものを見わける能力《のうりょく》（動体視力《どうたいしりょく》）はとてもすぐれています。狩《か》りをするのに欠かせない能力です。

ひげのひみつ！

イヌ

ひげは「触毛《しょくもう》」ともいい、口の上だけでなく、目の上やあごの下にも生えています。イヌはあまりひげにたよらないため、トリミングの際《さい》に切って整えることもあります。ただし、高齢《こうれい》になってほかの感覚《かんかく》がおとろえたときなどは、ひげがないと不安になることがあるようです。

ネコ

ひげの根元には触覚《しょっかく》をつかさどる神経《しんけい》がたくさん存在《そんざい》しています。ネコのひげはとても大事で、獲物《えもの》が動く際《さい》のわずかな空気の流れを感じたり、せまい場所を通れるかどうか確《たし》かめるなど多くの役割《やくわり》をもっています。ひげの動きは、感情《かんじょう》をあらわすときにも使われます。

目の上にも生えているひげ

ひげは口の上だけでなく、目の上、ほお、あごの下などにも生えています。ひげと同じような働《はたら》きをする毛は全身のあちこちにも生えています。

コラム

ネコ ひげを切るとどうなる？

ネコのひげを切ると、バランスがとれなくなりますし、周囲《しゅうい》の情《じょう》報《ほう》をキャッチしにくくなるためネコはとても不安になります。決して切ってはいけません。

舌《した》のひみつ！

イヌ

イヌの舌《した》には、味を感じるほかに体温調節《たいおんちょうせつ》という大切な役割《やくわり》があります。暑いときにはハアハアと舌を出し、だ液《えき》を蒸発《じょうはつ》させることで体温を下げているのです。

水を飲むときには、舌を裏側《うらがわ》に丸めて水をすくっています。

ネコ

ネコの舌《した》は表面に小さな突起《とっき》がたくさんあり、ザラザラしています。毛づくろいをするときにはブラシのような役割《やくわり》をし、ぬけ毛をからめとったり、毛並《けな》みをきれいに整えます。毛づくろいには体をなめてだ液《えき》を蒸発《じょうはつ》させることで体温調節《たいおんちょうせつ》をしたり、気持ちを落ちつかせる効果《こうか》もあります。

味蕾《みらい》の数《かず》

イヌ 1,700個《こ》
ネコ 500～800個
ヒト 10,000個

ネコはあまさを感じない

動物の舌《した》の表面には「味蕾《みらい》」という器官《きかん》があり、さまざまな味を感じています。しかし、イヌやネコの味覚《みかく》はヒトほど発達《はったつ》していません。雑食動物《ざっしょくどうぶつ》のイヌはあま味や酸味《さんみ》を感じますが塩味《しおみ》にどん感です。ネコはイヌ以上《いじょう》に味を感じにくく、苦味と酸味を感じ、塩味にはどん感。そして、あま味は感じないことがわかっています。肉食動物にあま味は不要《ふよう》な味覚だからだと考えられています。

コラム

猫舌《ねこじた》

熱《あつ》いものを食べるのが苦手なことを「猫舌《ねこじた》」といいます。たしかにネコは熱い食べ物をいやがりますが、イヌも同様です。野生の生き物は、獲物《えもの》の体温（38℃《ど》くらい）よりも高いものを食べることはありませんから、熱いものが食べられないのは当然《とうぜん》のことです。食べ物を熱くして食べているのは人間くらいのものなのです。

脳《のう》のひみつ！

イヌもネコも脳《のう》の基本的《きほんてき》な構造《こうぞう》はヒトと同じで、大脳《だいのう》、小脳《しょうのう》、脳幹《のうかん》があります。

大脳は、ものを見たりにおいをかいだりした情報《じょうほう》を受け取り、判断《はんだん》します。

大脳には、大脳辺縁系《だいのうへんえんけい》と大脳新皮質《だいのうしんひしつ》があります。食欲《しょくよく》や恐怖《きょうふ》など本能的《ほんのうてき》な感情《かんじょう》をつかさどる大脳辺縁系は、どんな動物にも共通《きょうつう》する場所です。大脳新皮質は思考をつかさどる場所で、ヒトではとても発達《はったつ》しています。

小脳は体を動かす機能《きのう》をコントロールしています。脳幹は生命の維持《いじ》をつかさどる場所で、呼吸《こきゅう》などをコントロールしています。

脳にはたくさんの神経細胞《しんけいさいぼう》（ニューロン）があります。ニューロンが多ければ、脳であつかえる情報量《じょうほうりょう》がふえることになります。

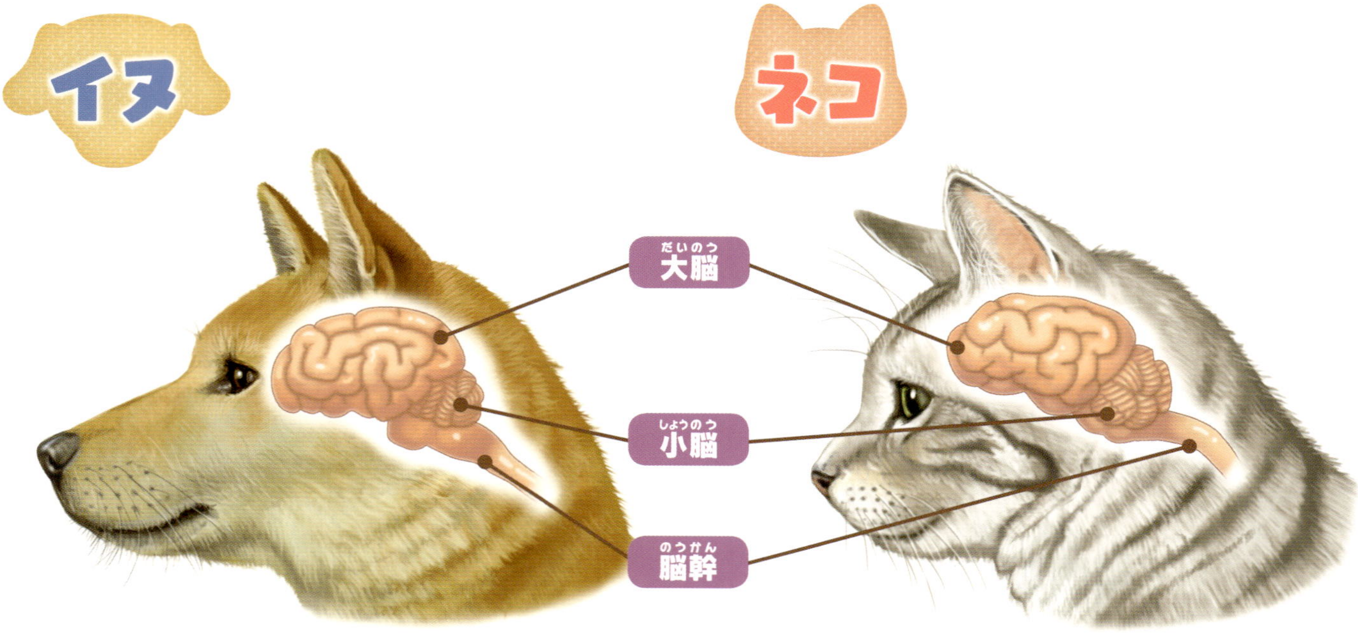

脳《のう》のデータ

脳《のう》は、群《む》れでくらし、社会性《しゃかいせい》をもつイヌのほうが発達《はったつ》しているといわれています。単独行動《たんどくこうどう》をする動物であるネコの脳は、イヌより進化していないといわれますが、決して「頭がよくない」ということではありません。

体重あたりの脳の重さの割合《わりあい》はネコのほうが大きく、また、ニューロンの数もネコのほうが多いといわれます。

	イヌ	ネコ
脳《のう》の重さ	64～100g《グラム》	約《やく》30g
ニューロンの数	1億《おく》6000万個《こ》	3億個
脳の体重比《たいじゅうひ》(%《パーセント》)	0.39%	0.78%
知能《ちのう》（※ヒトと比較《ひかく》した場合）	2歳児程度《さいじていど》	1～2歳児程度

爪《つめ》・足のひみつ！

イヌもネコも走ったり、狩《か》りをするのに適《てき》した足をもっています。どちらも指の数は前足が5本、後ろ足が4本ですが、爪《つめ》のつき方に特徴《とくちょう》があります。

イヌ

足と狼爪《ろうそう》

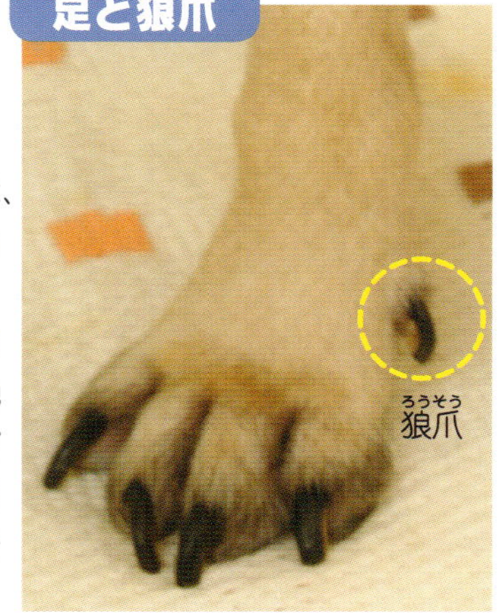

前足の親指にあたる指は、地面につかない部分にあり「狼爪《ろうそう》」といいます。イヌの爪《つめ》は、引っこめることができませんが、地面をしっかりとふむスパイクのような働《はたら》きをするため、速く走ることができます。

肉球《にくきゅう》

イヌの肉球《にくきゅう》はクッションの役割《やくわり》をするほか、表面にはザラザラした小さな突起《とっき》があり、走るときにスパイクの働《はたら》きをします。さらに、肉球には汗腺《かんせん》があって、そこから汗《あせ》をかきます。

ネコ

足先と爪《つめ》の出し入れ

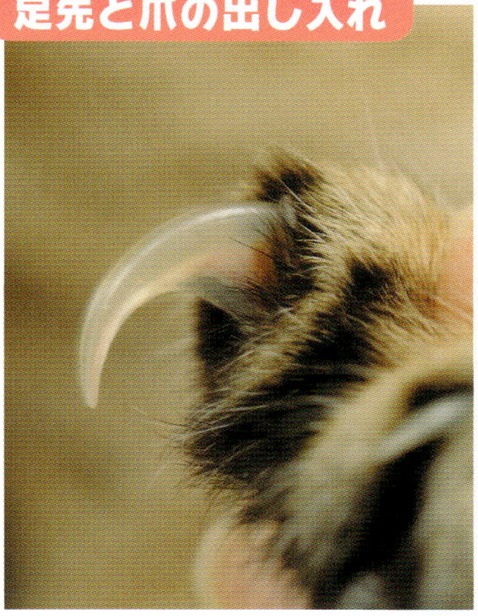

ネコの爪《つめ》は、力をぬくと引っこみ、狩《か》りをするときは出すことができます。そっと獲物《えもの》に近づくときは、爪を出さず肉球《にくきゅう》だけを地面について歩くため、足音がしません。まちぶせタイプの狩りをするのに役立っています。

肉球《にくきゅう》

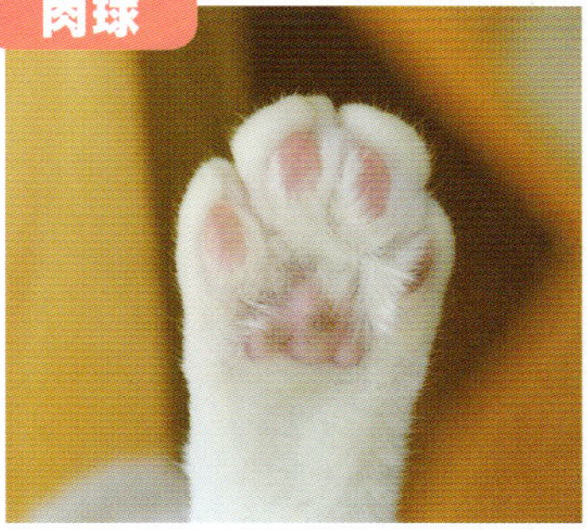

ネコの肉球《にくきゅう》はイヌに比《くら》べるとすべすべしています。汗腺《かんせん》があり、きんちょうしているときに汗《あせ》をかきます。においつけにも使います。

コラム　イヌ・ネコの骨格《こっかく》と歩きかた

足の骨格《こっかく》のちがいにより動物の歩きかたにはいくつかの種類《しゅるい》があります。ヒトはつま先からかかとまで、足の裏《うら》を全部地面につけています（しょ行性《こうせい》）。これに対してイヌやネコが地面につけているのは指先だけで、かかとはつけていません（指行性《しこうせい》）。速く走るための足のつき方です。ヒトも走るときには指行性になっています。

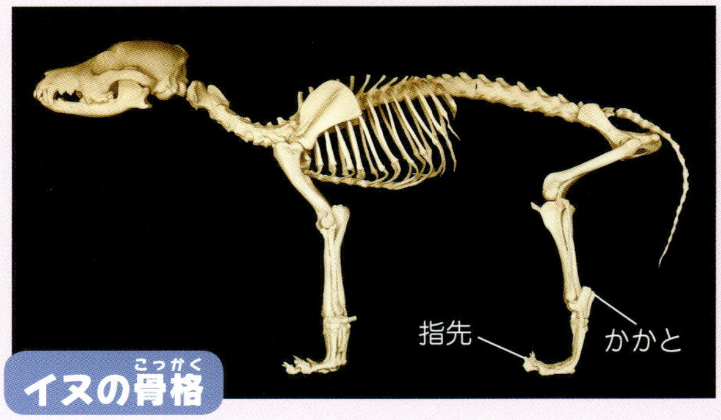

イヌの骨格《こっかく》

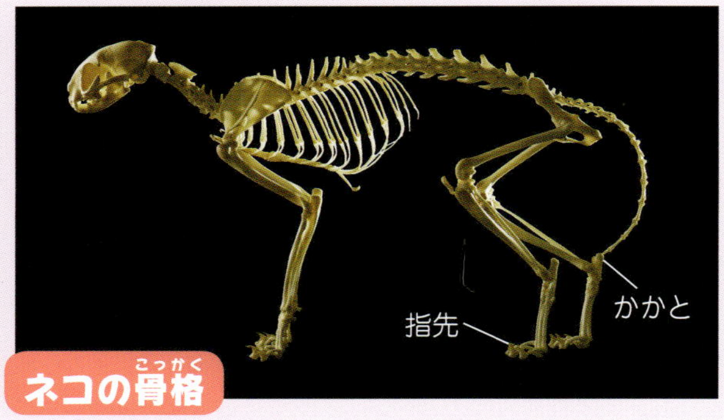

ネコの骨格《こっかく》

※ネコ科の動物のほとんどが爪《つめ》を出し入れできますが、チーターだけは爪が出たままになっているので、とても速く走ることができます。

運動能力《うんどうのうりょく》のひみつ！

イヌ

イヌは長距離走《ちょうきょりそう》が得意《とくい》です。

イヌの祖先《そせん》は、群《む》れを作り、獲物《えもの》を走って追いつめるという方法《ほうほう》で狩《か》りをしていました。そのため、仲間《なかま》どうしのコミュニケーションに加え、長い距離《きょり》を速く走りつづけるという能力《のうりょく》が身につきました。

木に登らないイヌにはネコとちがって鎖骨《さこつ》がなく、ひじやひざの関節《かんせつ》を横に開くことはできません。イヌの体と運動能力は、前に向かって走ることに長《た》けているのです。

イヌのもつヒトとのコミュニケーション能《のう》力《りょく》と、運動能力の両方を発揮《はっき》させることができるものに、アジリティ競技《きょうぎ》というドッグスポーツがあります。ハードルやシーソーなどさまざまな障害物《しょうがいぶつ》を、ヒトの指示《しじ》を受けながら次々とこえていくものです。

「獲物《えもの》を追いかけて走る」ことを取り入れたドッグスポーツもあります（ルアーコーシング）。イヌのなかでは視力《しりょく》のいいグレーハウンド、サルーキ、ボルゾイなどの犬種《けんしゅ》がとりわけ得意《とくい》にしています。

アジリティ競技《きょうぎ》を行うイヌ。

コラム

イヌ　狩《か》りのおともとして

狩猟犬《しゅりょうけん》として品種改良《ひんしゅかいりょう》された犬種《けんしゅ》は、その目的《もくてき》によってさまざまな能力《のうりょく》が身についています。水《みず》辺《べ》での狩《か》りにしたがうレトリーバー種やプードルは、うち落とされた鳥を回収《かいしゅう》するために水のなかに入っていきます。そのため、泳ぐのも得意《とくい》にしているのです。

ネコ

ネコの祖先《そせん》は、単独《たんどく》で獲物《えもの》をまちぶせし、そっと近づいて一気におそいかかるという狩《か》りの方法《ほうほう》をとっていました。狩りに失敗《しっぱい》しても手助けしてくれる仲間《なかま》はいませんから、確実《かくじつ》にしとめるための一瞬《いっしゅん》のスピードや瞬発力《しゅんぱつりょく》、ジャンプ力は非常《ひじょう》にすぐれています。体長の５倍もの高さまでジャンプできるともいわれています。ただし長時間走りつづけたりする持久力《じきゅうりょく》はありません。

また、体のつくりがとても柔軟《じゅうなん》なこともさまざまな動きを可能《かのう》にしています。高いところから飛《と》び降《お》りても、空中で器用《きよう》に体勢《たいせい》を整え、足から着地できます。これは森のなかでくらし、木の上でも活動していたなごりで、平衡感覚《へいこうかんかく》をつかさどる器官《きかん》が発達《はったつ》しているのです。キャットタワーのような高い場所にいることを好《この》むのもネコの本能《ほんのう》です。

ネコは高いところが大好《だいす》き。

コラム

イヌとネコの好《す》きな遊び

イヌもネコも、狩猟本《しゅりょうほん》能《のう》を満足《まんぞく》させてくれる遊びが大好《だいす》きです。そのなかでもどんな遊びが好きかを見てみると、狩《か》りの方法《ほうほう》がちがっていたことがよくわかります。

イヌは、投げたボールを追いかける遊びが大好《だいす》きです。これは獲物《えもの》を走って追いかけまわしていたなごりのようです。

ネコは、猫《ねこ》じゃらしのように、生きているように動くものに瞬間的《しゅんかんてき》にとびかかるような遊びを好《この》みます。

食べ物のひみつ！

イヌ

イヌの祖先《そせん》は肉食動物ですが、ヒトの近くでくらすことを選《えら》び、食べのこしをもらって食べてきたため、穀類《こくるい》や野《や》菜《さい》なども食べる雑食《ざっしょく》になりました。現在《げんざい》は「肉《にく》食傾向《しょくけいこう》の強い雑食動物」となっています。

野生のイヌは大きな獲物《えもの》をみんなで追いかけていました。毎日必《かなら》ず獲物がとれるわけではないので、とれたときにはほかの仲間《なかま》に負けないように早く、たくさん食べるという傾向があります。また、たくさん獲物がとれたときにはうめておいてあとから食べることもあるので、冷《ひ》えた食べ物でもよく食べます。

ネコ

ネコは「肉食動物」です。単《たん》独《どく》で狩《か》りをするので、大きな獲《え》物《もの》をとらえることはできません。そこで、ネズミなどの小さな動物を一日に何度もつかまえて食べるという狩りの方法《ほうほう》をとっています。「少量頻回《しょうりょうひんかい》」という食べ方になります。また、つかまえるとその場ですぐに食べるので、獲物は完全《かんぜん》に冷《つめ》たくなっていません。ペットのネコが食欲《しょくよく》のないときにフードを少し温めるとよいといわれるのは、このような習性《しゅうせい》があるからです。

三大栄養素《さんだいえいようそ》

イヌ、ネコ、ヒトの平均的《へいきんてき》な食事にふくまれる三大栄養素《さんだいえいようそ》の割合《わりあい》を見ると、ネコは穀類《こくるい》に多くふくまれる炭水《たんすい》化物《かぶつ》をとる量《りょう》が少ないことがわかります。

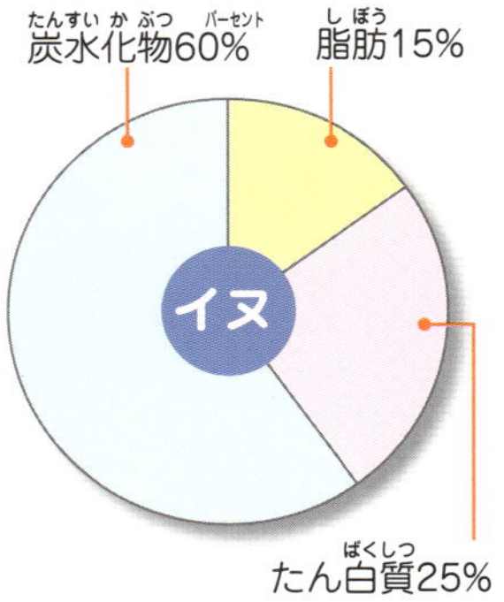

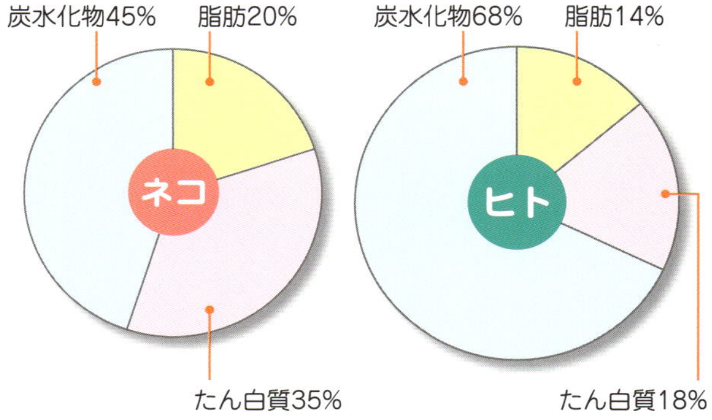

コラム

ネコ　猫草《ねこぐさ》

肉食動物であるネコが草を食べることがあり、「猫草《ねこぐさ》（エン麦《ばく》というイネ科の植物が多い）」も売られています。ネコに草を消化することはできません。胃腸《いちょう》に入った毛玉《けだま》を吐《は》くためのしげきにするとか、便秘《べんぴ》を解消《かいしょう》するためなどといわれていますが、じつは、なぜ草を食べるのかはっきりしたことはわかっていません。

危険《きけん》な食べ物

人間にとって害《がい》がなくても、イヌやネコにとっては命にかかわる、危険《きけん》な食べ物があります。たとえほしがっても、あたえないようにしましょう。

イヌ

●チョコレート、ココア

原料《げんりょう》のカカオは、イヌに吐《は》き気《け》やげりを引きおこします。

●キシリトール入りのガム

少量《しょうりょう》でも、危険《きけん》な状態《じょうたい》になることがあります。

●牛乳《ぎゅうにゅう》

ヒト用の牛乳《ぎゅうにゅう》をイヌは消化できません。必《かなら》ずイヌ用のミルクをあたえましょう。

ネコ

●アワビ、サザエ

貝の内臓《ないぞう》にふくまれる成分《せいぶん》が、皮ふに炎症《えんしょう》をおこすことがあります。

●イカ、タコ、貝類《かいるい》、エビなど

生のイカや貝類《かいるい》は、体内のビタミンB_1《ビーワン》をこわします。必《かなら》ず一度火を通してからあたえましょう。

●コメのご飯《はん》

肉食動物のネコはコメを消化できないため、ビタミンやミネラル不足《ぶそく》の原因《げんいん》になります。

イヌやネコにあたえてはいけない食品《しょくひん》

●タマネギ、ネギ、ニラ

血液中《けつえきちゅう》の赤血球《せっけっきゅう》をこわし、死ぬこともあります。加熱《かねつ》してあっても危険《きけん》です。

●ブドウ、ほしブドウ

ブドウの皮が危険《きけん》です。じん臓《ぞう》をこわし、吐《は》き気《け》やげりを引きおこします。

●ニワトリの骨《ほね》

かたい骨《ほね》がたてにさけて、のどや消化器《しょうかき》にささることがあります。

ほかに……

香辛料《こうしんりょう》、ナッツ類《るい》、ホウレンソウ、コーヒー、お茶、アルコール飲料などもあたえないよう注意しましょう。

コラム　食べ物以外《いがい》にも危険《きけん》がある

イヌやネコが室内においてある花や観葉植物《かんようしょくぶつ》を食べて、中毒《ちゅうどく》をおこすことがあります。ネコが中毒をおこす植物はとくに数が多く、700種類《しゅるい》以上《いじょう》あるといわれていますので、植物を家のなかにおくときは注意しましょう。

また、洗剤《せんざい》や殺虫剤《さっちゅうざい》などもイヌやネコの口に入らないように管理《かんり》しましょう。

イヌとネコの一生を知ろう！

ヒトとくらべてイヌやネコはあっという間に成長《せいちょう》します。イヌやネコは１歳《さい》にもなればもう「大人《おとな》」ですが、ヒトはまだまだ「赤ちゃん」です。

同じイヌでも大型犬《おおがたけん》と小型犬ではちがいがあり、大型犬のほうが成長がゆっくりです。しかし、小型犬よりも体への負担《ふたん》が大きいために、寿命《じゅみょう》が短くなっています。

ネコでは、毛の短い種類《しゅるい》よりも毛が長い種類のほうが成長がゆっくりだといわれています。また、室内で飼育《しいく》しているネコは長生きをすることが多いのです。

ヒト

1歳《さい》~1歳半
- 離乳《りにゅう》する（離乳の完了《かんりょう》）

12~13歳《さい》
- 子どもを産《う》める準備《じゅんび》ができる
- 永久歯《えいきゅうし》が生えそろう

18歳《さい》ごろ
- 体の成長《せいちょう》が一段落《いちだんらく》する

イヌ・ネコの１歳《さい》は
ヒトの17～18歳くらい

大型犬《おおがたけん》

7~9週
- 離乳《りにゅう》する

6ヶ月ほど
- 永久歯《えいきゅうし》が生えそろう

10ヶ月ごろ
- 性成熟《せいせいじゅく》（個体差《こたいさ》がある）

1歳《さい》

1歳半《さいはん》ほど
- 体の成長《せいちょう》が一段落《いちだんらく》する

小型犬《こがたけん》

7~9週
- 離乳《りにゅう》する

6ヶ月ほど
- 永久歯《えいきゅうし》が生えそろう

10ヶ月ごろ
- 性成熟《せいせいじゅく》（個体差《こたいさ》がある）

1歳《さい》

1歳半《さいはん》ほど
- 体の成長《せいちょう》が一段落《いちだんらく》する

ネコ

7週
- 離乳《りにゅう》する

6ヶ月ほど
- 永久歯《えいきゅうし》が生えそろう

10ヶ月ごろ
- 性成熟《せいせいじゅく》（個体差《こたいさ》がある）

1歳《さい》

1歳《さい》2ヶ月~2歳
- 体の成長《せいちょう》が一段落《いちだんらく》する

コラム　寿命《じゅみょう》と心拍数《しんぱくすう》の話

　体が小さいハツカネズミは、２～３年の短い寿命《じゅみょう》しかありません。陸上《りくじょう》でくらす動物のなかで最大《さいだい》の体をもつゾウの寿命は、70年もあります。ところが、一生の心拍数《しんぱくすう》（心臓《しんぞう》がドキンと打つ数）は体の大きさとは関係《かんけい》なく、「約《やく》20億回《おくかい》」でいっしょなのです。「時間」ではない単位《たんい》で見てみると、ほ乳類《にゅうるい》の動物たちはみな、同じくらいの長さを生きているともいえます。

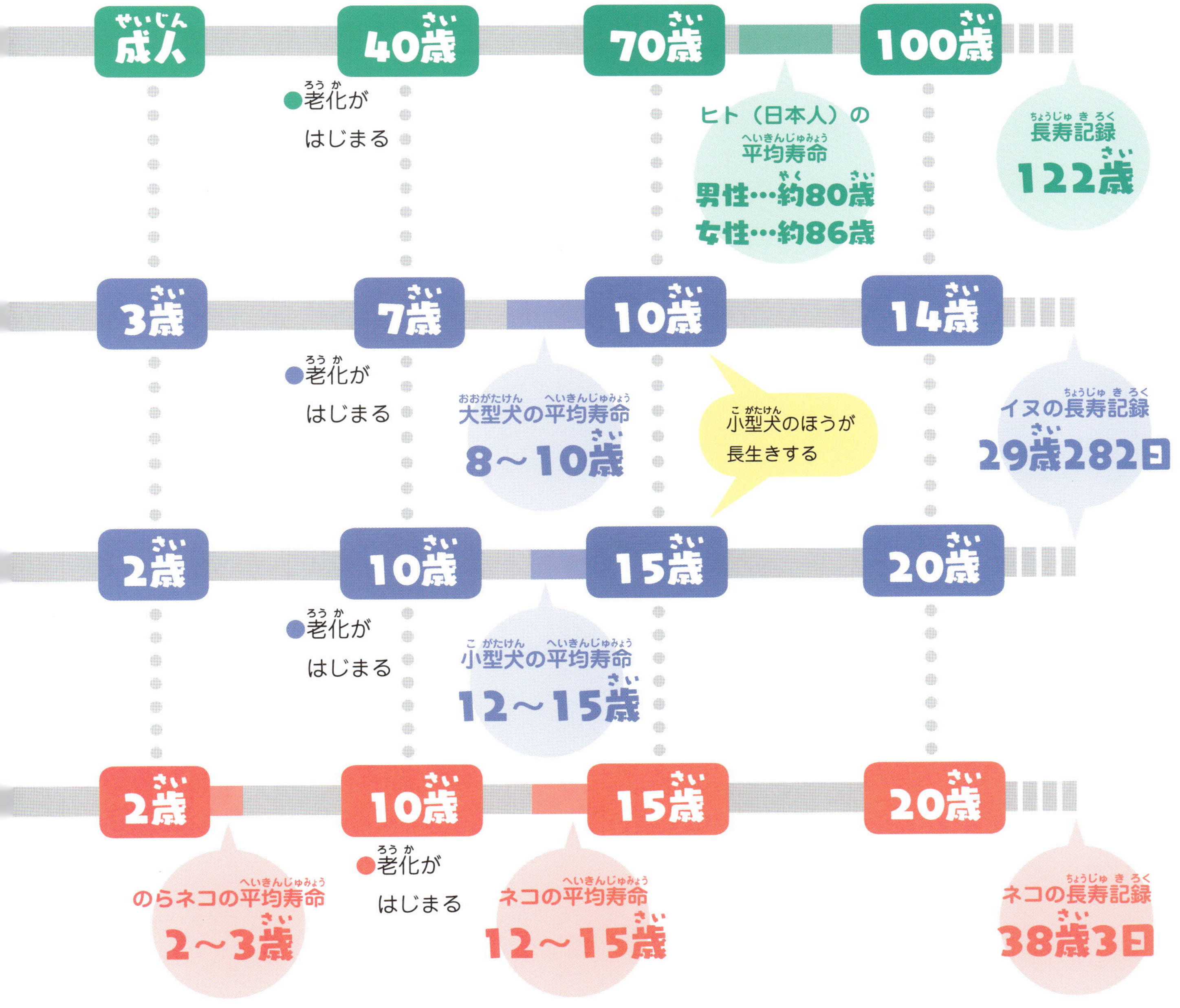

子イヌ・子ネコのよりよい育ち方

イヌ

子イヌの成長《せいちょう》

子イヌは、生後3週から3ヶ月くらいまでの時期に、その動物の仲間《なかま》どうしのコミュニケーション方《ほう》法《ほう》を学びます。ヒトでいうと幼稚園《ようちえん》であいさつのしかたや友達との遊びかたなどを覚《おぼ》えるころにあたり、いろいろなことになれて、まわりに合わせてくらす力を身につけるこの時期を「社会化期」といいます。

この時期の前半は母イヌや兄弟イヌから、遊びでかみつく力が強すぎてはいけないことなど、イヌどうしのルールを教わります。ペットとしてヒトとくらすイヌは、社会化期の後半になったらヒトとのコミュニケーション方法や、目新しいものや音になれる経験《けいけん》もしなくてはなりません。

社会化期の学びをきちんとしていないイヌは、大《おと》人《な》になってから問題行動を起こすことがあるといわれています。

ネコ

子ネコの成長《せいちょう》

もともと単独《たんどく》で行動し警戒心《けいかいしん》が強い動物であるネコにとっても、生後2、3週〜9週くらいまでの「社会化期」はとてもたいせつな時期です。大人《おとな》になってから新しい経験《けいけん》を受け入れるのは大変なことだからです。子ネコの場合は、この社会化期に親ネコや兄弟ネコからネコどうしのコミュニケーション方法《ほうほう》を学んだり、いろいろなヒトとふれ合い、いろいろなものごとを見聞きする経験をしておくことが大切です。

この時期に飼《か》い主《ぬし》とだけでなく、ほかのイヌ・ネコ、年齢《ねんれい》や性別《せいべつ》、体の大きさなどがちがうさまざまな人びとと出会う機会《きかい》を作ることにより、人見知りをしない、社交的《しゃこうてき》なネコに育ちやすくなるのです。

2章《しょう》

くらべてわかる！

イヌの習性《しゅうせい》とくらし
ネコの習性とくらし

イヌとネコの社会のひみつ！

イヌ

イヌはもともと、群《む》れを作ってくらしていたオオカミから家畜化《かちくか》されました。イヌどうしの交流や情報交換《じょうほうこうかん》の方《ほう》法《ほう》のひとつが「におい」です。イヌにとってにおいは「名ふだ」のようなもので、イヌどうしはお尻《しり》(肛門腺《こうもんせん》)のにおいをかぎ合うことによって相手の性別《せいべつ》、強さなど多くのことがわかるといわれています。

イヌにとって、お尻《しり》のにおいをかぐのはあいさつがわりです。

イヌは、いろいろな場所にマーキングします。

オスのイヌはよく電信柱《でんしんばしら》におしっこをかけています。これは「ここは自分のなわばりだ」ということをしめしているのです。これをマーキングといいます。足を上げておしっこをするのは、できるだけ高い位置《いち》におしっこをかけ、自分の体を大きいと思わせるためなのです。メスのおしっこのにおいで、オスはそのメスの発情《はつじょう》の状態《じょうたい》もわかります。

コラム

イヌ　家族のなかでのリーダー

イヌのように群《む》れで狩《か》りをする動物には、群れのリーダーが必要《ひつよう》です。ペットのイヌにとっては飼《か》い主《ぬし》家族が群れということになります。以前《いぜん》は、飼い主が強いリーダーとなってイヌを服従《ふくじゅう》させないとイヌがリーダーになろうとしてしまう、といわれていました。しかし、リーダーに必要な能力《のうりょく》は、強さではなく、何があっても動じず、たよりになる存在《そんざい》であることだということがわかってきました。イヌは、信頼《しんらい》と安心をあたえてくれる人にリーダーになってほしいのです。

ネコ

ネコは単独生活《たんどくせいかつ》をする動物です。イヌのような社会性《しゃかいせい》はもちませんが、ネコのくらしにはイヌとはちがうルールがあります。

ネコは自分のなわばりをもち、そのなかで獲物《えもの》をとらえています。なわばりにはにおいつけをし、自分の存在《そんざい》をまわりに知らせます。そうすることでなるべくほかのネコと出会わないようにしているのです。しかし親しいネコなら、なわばりに入ることをゆるすようです。

なわばりを散歩《さんぽ》するのも、だいじな仕事です。

子どものときにさまざまなルールを親から学びます。

メスは小さななわばりをもち、オスはメスのなわばりをふくむ大きななわばりをもちます。自分のなわばりのなかで、はんしょく相手を見つけるためです。

生まれた子どもがオスの場合は、成長《せいちょう》したら母ネコのなわばりからはなれていきます。メスの場合は母ネコの近くになわばりをもち、母ネコが死んだときにはなわばりを受けつぐこともあります。

のらネコが何匹《なんびき》もいっしょにくらしている光景《こうけい》を見ることがありますが、えさがたくさんあるところでは、なわばりをもたないこともあるようです。

コラム

ネコ ネコの集会

夜の空き地などで、単独《たんどく》でくらすはずのネコが何匹《なんびき》か集まっているのを「ネコの集会」とよんでいます。とくに何かするわけでもなく、しばらくすると去っていきます。とつぜん出会ったときにケンカにならないために、近くで生活するネコどうしが顔合わせをしているなど、いろいろな理由が考えられていますが、実際《じっさい》はよくわかっていないのです。

イヌ

イヌの一日

イヌの祖先《そせん》は、夜になると狩《か》りにでかけ、昼間は巣《す》で休んでいる「夜《や》行性《こうせい》」の動物でした。ヒトに飼《か》われるようになると、ヒトの生活時間帯《せいかつじかんたい》に合わせて行動をするようになり、昼間活動をする「昼行性《ちゅうこうせい》」という生活パターンをもつようになったのです。

朝

おはよー

起床《きしょう》

朝は飼《か》い主《ぬし》とともに起き、起床《きしょう》したら、はいせつをすませます。

朝ごはんだ〜

食事

成犬《せいけん》には一日に２回、ドッグフードをあたえます。飲み水はつねに飲めるようにしておきます。

おさんぽ
大《だい》好《す》き

散歩《さんぽ》

運動量《うんどうりょう》の多い大型犬《おおがたけん》はもちろん、小型犬にも散歩《さんぽ》は必要《ひつよう》です。散歩には運動だけでなく、さまざまな環境《かんきょう》、ヒト、動物たちとふれ合うことで社会性《しゃかいせい》を身につける目的《もくてき》もあります。

おともだちに
あいさつ！

ちょっと失礼《しつれい》！

おうちにもどって
ひとやすみ

コラム

イヌ 観察日記《かんさつにっき》をつけよう！

●イヌの観察《かんさつ》ポイント

「表情《ひょうじょう》」や「行動」などポイントをひとつ決め、イヌの一日を観察《かんさつ》してみましょう。そして、「どうしてそのような表情をしたのか」「どうしてそのような行動をしたのか」を考えてみます。観察を通して、ヒトとイヌとの共通点《きょうつうてん》やちがう点を見つけてみましょう。

（例《れい》）

イヌのかんさつ日記
行動： 床《ゆか》をモップでふいていたら追いかけてきてモップにかみつこうとした
どうして： モップが動いているのを見たら、獲物《えもの》だと思ったのかもしれない

昼

あそぼ〜!!

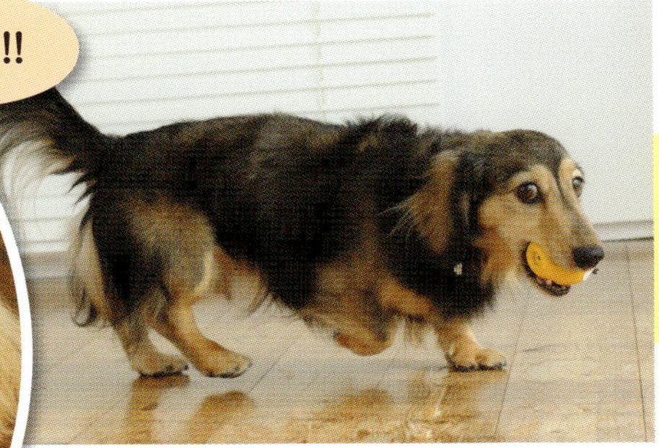

遊び

イヌは飼《か》い主《ぬし》と遊ぶのが大好《だいす》きです。運動をする機会《きかい》や、コミュニケーションをとる時間にもなりますから、遊ぶ時間をたくさん作ってあげましょう。

また、ちょっと
ひとやすみ

夕方のおさんぽ
たのし〜

まだ帰りたく
ない!!

おうちに帰って
おふろ

夜

晩《ばん》ごはん
まだですか〜

おやすみ〜

睡眠《すいみん》

イヌの睡眠時間《すいみんじかん》は約《やく》13時間で、子イヌや高齢《こうれい》のイヌはもっと多くの睡眠時間が必要《ひつよう》です。イヌも、ねているときには夢《ゆめ》を見ます。

ネコ

ネコの一日

「ネコ」という名前は「寝子《ねこ》」からきているという説《せつ》があるほど、ネコはよくねる動物です。ネコは単独《たんどく》で狩《か》りをするため、失敗《しっぱい》すれば食事にありつけません。狩りをするその一瞬《いっしゅん》に力をはっきするため、用のないときは休息してエネルギーをためこんでいるのだともいわれます。

朝

起床《きしょう》

早朝、まだねている飼《か》い主《ぬし》に食事のおねだりをすることから一日が始まります。

おはよー

朝ごはん

食事

食事は１日何度も分けて食べるのがネコの食事のしかたです。

おなかいっぱい！
またねるよ

のび～！

ペロペロ
全身をなめるよ

トイレ、トイレ

毛づくろい

毛づくろいは、体のよごれを落とし、毛並《けな》みを整えるほか、なめただ液《えき》を蒸発《じょうはつ》させて体温を下げる働《はたら》きもあります。また毛づくろいには、気持ちを落ちつかせる働きもあります。

昼

異常《いじょう》なし！

パトロール

部屋のあちこちを見まわります。

窓《まど》の外も
異常《いじょう》なし！

パトロールおわり！
またねるよ

コラム

ネコ 観察日記《かんさつにっき》をつけよう！

●ネコの観察《かんさつ》ポイント

ネコの「言葉《ことば》」を調べてみましょう。どんなときにどんな鳴き声を出すかを観察《かんさつ》し、そのときのネコはどんな気持ちなのかを考えてみます。観察を通じて、「うちのネコ語辞典《ごじてん》」を作ってみましょう。

（例《れい》）

ネコのかんさつ日記	
鳴き声： 「ニャ」と短く鳴く	鳴き声： 「ニャオーン」と長く鳴く
どういうとき： 私《わたし》が外から帰ってきたときや、家の中で会ったとき	どういうとき： 私《わたし》の顔を見上げながら鳴いて、足にすりすりしてくる
どんな気持ち： あいさつのよう	どんな気持ち： 遊んでもらいたいのかも

あそぶ！

運動

一度に遊ぶ時間は短く、何度にも分けて遊んだほうがいいでしょう。

パトロール

ん!?

ちょっと
ひとやすみ！

あそぶ！

夕方になると活発になりはじめます。

ちょっと
ひとやすみ！

ツメといで～

夜

晩《ばん》ごはんを
ください！

ちょっと
ひとやすみ！

あそぶ！

飼《か》い主《ぬし》がねるころも家中を走り回って遊んでいますが、そのうちねむりにつきます。

おやすみ～

睡眠《すいみん》

ネコの睡眠時間《すいみんじかん》は約《やく》13時間です。ヒトのようにまとめてねむるのではなく、50分から２時間くらいの長さのねむりを何度もくり返しているようです。

イヌとネコの気持ちの伝《つた》え方

イヌ

イヌが感情《かんじょう》をしめしたり、イヌ社会の中での自分の位置《いち》づけを伝《つた》えるためには身ぶりやしっぽの動きを用います。このような方法《ほうほう》はボディランゲージとよばれます。群《む》れでくらすイヌは、ボディランゲージで情報《じょうほう》をやりとりして、おたがいの位置づけを明らかにし、無用《むよう》なケンカをさけることができるのです。ヒトがこれを見た場合にも、イヌの気持ちを理解《りかい》する助けになります。

イヌのボディランゲージ

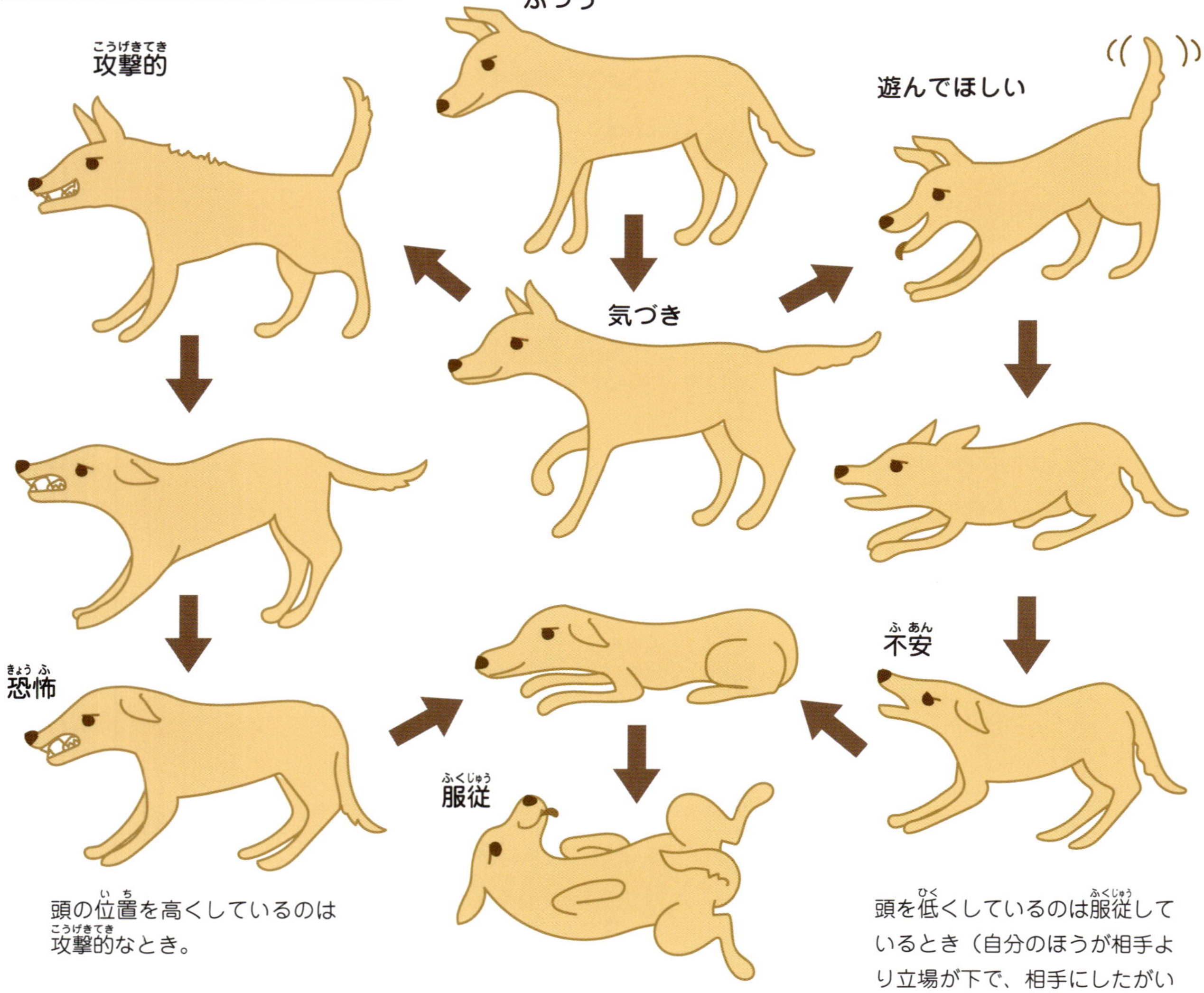

頭の位置《いち》を高くしているのは攻撃的《こうげきてき》なとき。

頭を低《ひく》くしているのは服従《ふくじゅう》しているとき（自分のほうが相手より立場が下で、相手にしたがいますという気持ち）です。

イヌのしっぽ

しっぽの動きがしめす感情《かんじょう》にはたくさんのものがあります。イヌがしっぽをふっているのは「うれしいとき」だけとはかぎりません。しっぽを左右に大きくふるのはうれしいときや遊びたいときで、こきざみにふっているときは、おこっています。しっぽを下げたり後ろ足の間にはさむようにするのは、服従《ふくじゅう》しているときです。

ネコ

ネコも、顔の表情《ひょうじょう》や体のしせい、しっぽの位置《いち》などによって気持ちをあらわしています。イヌとの大きなちがいは、恐《きょう》怖《ふ》心《しん》をもちながら相手をいかくするときのしせいです。相手に対して横向きになって、顔だけを相手に向け、しっぽを立ててふくらませ、体の毛をさか立てるのです。こうすると体を大きく見せることができます。攻撃的《こうげきてき》な気持ちはなく、身を守ろうとするときには体を小さく見せるようにし、相手が去るのをじっと待ちます。

ネコのボディランゲージ

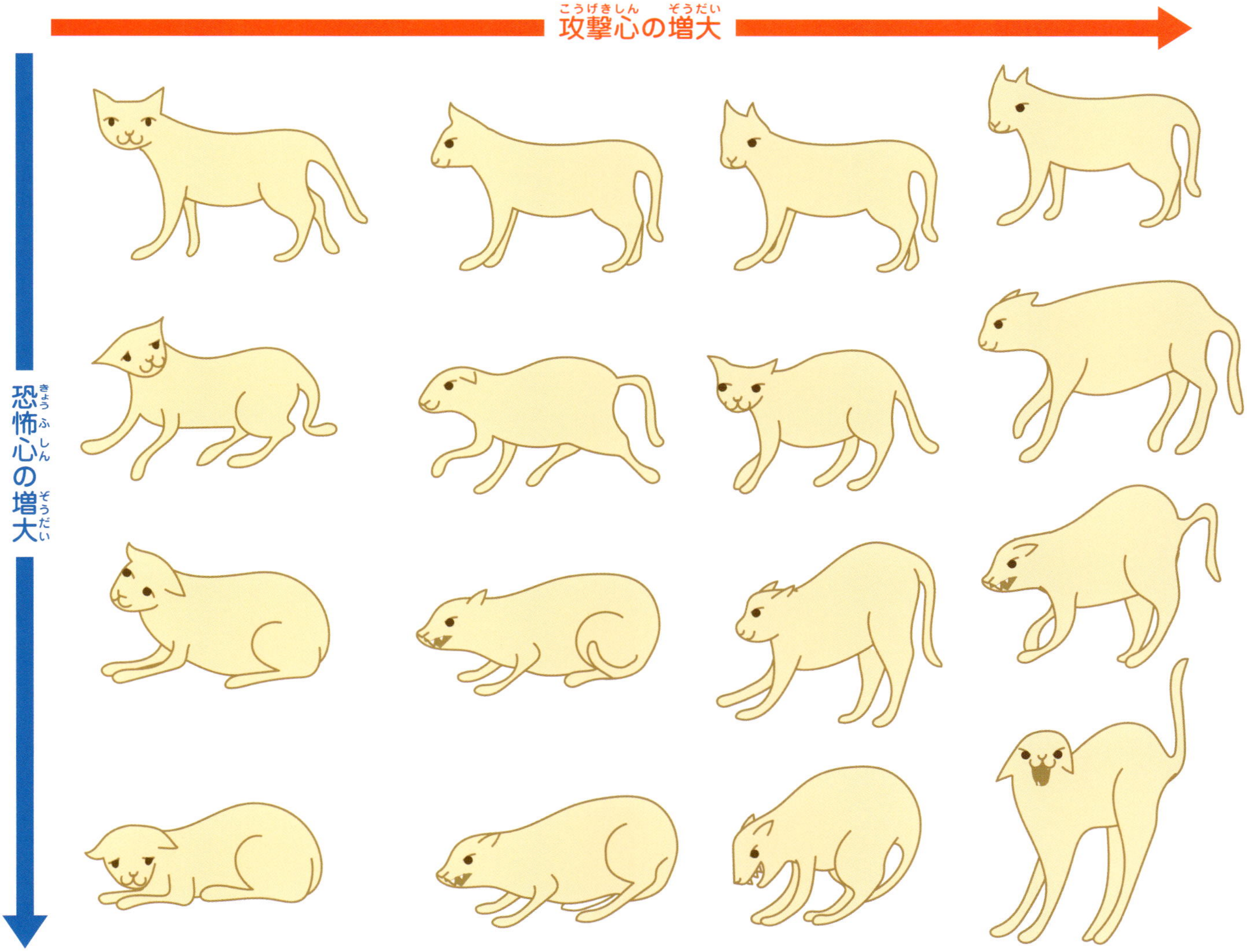

ネコのしっぽ

ネコのしっぽもいろいろな気持ちをつたえます。ぴんと立てているのはあまえたいときです。立てたしっぽが背《せ》中側《なかがわ》に曲がっているのは遊びたいとき、しっぽの先を小きざみに動かしているのは、こうふんしていたり何かにきょうみをもっているときです。

イヌとネコの表情《ひょうじょう》のひみつ！

イヌ

イヌの感情《かんじょう》は、耳の向きや視線《しせん》、口の開き方などの表情《ひょうじょう》を見ると、読み取ることができます。

耳を前に向けるのは攻撃的《こうげきてき》な気分のときや、警戒《けいかい》をしているときです。ぎゃくに耳を後ろに引いたりたおしているのは、相手に服従《ふくじゅう》しているときです。

イヌどうしは、出会うとすぐにどちらが強いのかわかるといいます。強い立場にあるほうは、いかくするために相手をじっと見ますが、弱いほうのイヌは目をそらすようにして、ケンカにならないようにするのです。

ヒトが、見知らぬイヌに会ったときに目をじっと見て、急にさわろうと手を出したりすると、イヌは攻撃されたと思ってしまいます。

イヌの表情《ひょうじょう》

イヌの武器《ぶき》である犬歯《けんし》も、感情《かんじょう》をしめすときに使われます。相手をいかくしたり、攻撃《こうげき》しようとしているときは、口を開いて犬歯を見せるようにします。いっぽう、弱いイヌは犬歯を見せないようにして、攻撃する意思がないことをしめすのです。

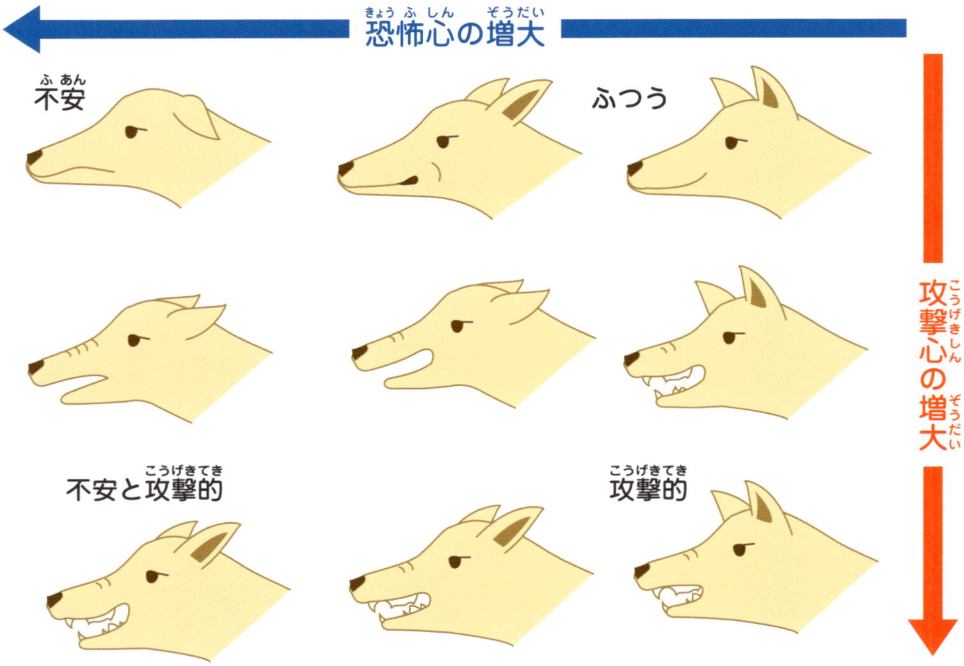

コラム

イヌ　イヌの鳴き声

イヌには、7種類《しゅるい》の鳴き声があるといわれています。

鳴き声によって、警戒《けいかい》したほうがいいことを仲間《なかま》に知らせたり、攻撃的《こうげきてき》な感情《かんじょう》を伝えます。また、あいさつのためや、不安《ふあん》や不満《ふまん》があるときなどにも、ほえたりうなったりすると考えられています。しかし実際《じっさい》には、イヌの鳴き声がもつ意味については、研究者によってことなる意見も多いのです。

ネコ

ネコの感情《かんじょう》は、耳やひげの向き、瞳孔《どうこう》の大きさなどから読み取ることができます。

耳は、攻撃的《こうげきてき》な気分のときには立てて横を向き、身を守ろうとしているときやこわいときはぴったりとふせます。

ひげの根元のまわりには筋肉《きんにく》があり、ネコが興奮《こうふん》しているときや緊張《きんちょう》しているとき、攻撃的なときには筋肉も緊張するので、ひげが前を向くように立ちます。リラックスしているときには筋肉もゆるむので、ひげは下を向きます。

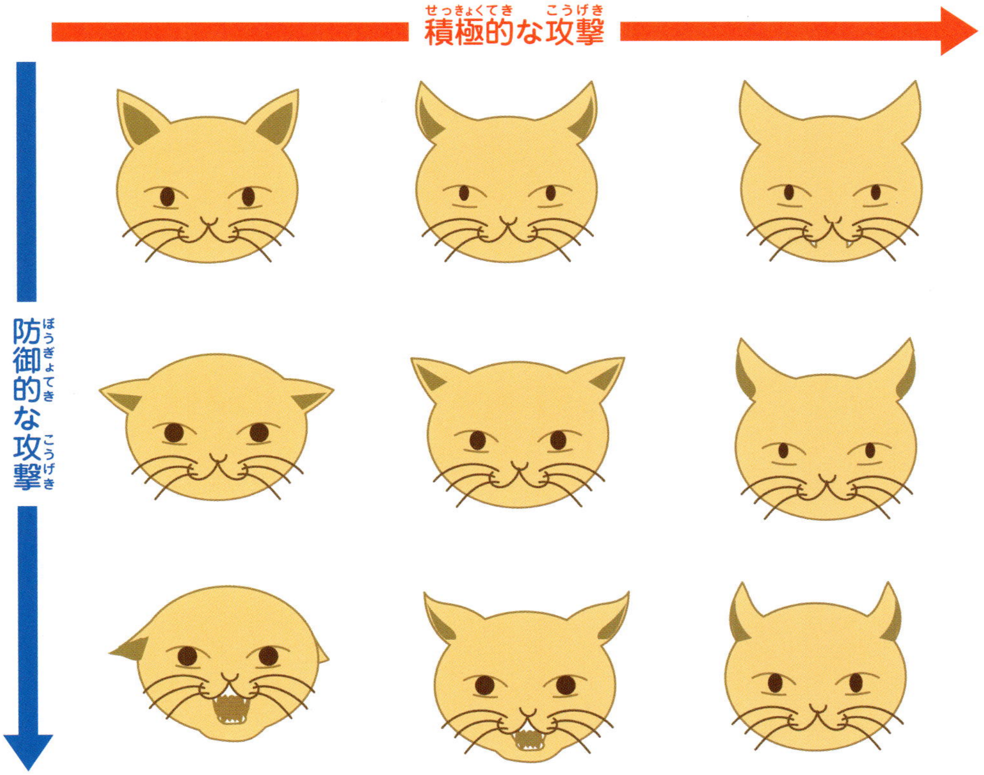

ネコの表情《ひょうじょう》

イヌと大きくちがうのは、瞳《どう》孔《こう》によって感情《かんじょう》がわかることです。攻撃的《こうげきてき》になっているネコは瞳孔が細くなります。いっぽう、瞳孔を丸くしているときは、身を守りたいときや、おどろいたとき、何かに興味《きょうみ》をもっているときなどいろいろな場合があります。

コラム

ネコの鳴き声

ネコの鳴き声には、６種類《しゅるい》あるといわれます。

のどをゴロゴロ鳴らすのはうれしいときや安心しているとき、あまえているときです。あいさつや要求《ようきゅう》、不満《ふまん》があるときは、鳴き声、うなり、シャーといういかくの声を出します。また、はんしょくシーズンにも独特《どくとく》の声で鳴きます。しかし、鳴き声の意味については、わかっていないことが多いのです。

イヌとネコの仕事のひみつ！

イヌ

ヒトの仕事を手つだう（狩猟犬《しゅりょうけん》・番犬《ばんけん》・警察犬《けいさつけん》・麻薬探知犬《まやくたんちけん》）

ヒトがイヌとともにくらすようになったのは、イヌがヒトの仕事を手つだうことができたからです。群《む》れを作り、群れのリーダーの指示《しじ》にしたがうという特徴《とくちょう》が、それを可能《かのう》にしました。

イヌの最初《さいしょ》の仕事は、狩《か》りの手つだいをする「狩猟犬《しゅりょうけん》」だったといわれています。イヌには、アナグマ狩りのために胴長短足《どうながたんそく》になったダックスフンドのように、狩りに合わせて品種改良《ひんしゅかいりょう》された犬種《けんしゅ》が多いのです。

ヒトの住まいや農作物などを守る「番犬《ばんけん》」も古くからある仕事です。ヒトのそばでくらしながら、外敵《がいてき》が近づいていることを鳴いて知らせてくれました。

ヒトに忠実《ちゅうじつ》にしたがうという性質《せいしつ》によって、イヌは「警察犬《けいさつけん》」としてもかつやくしています。また、麻薬《まやく》を発見する「麻薬探知犬《たんちけん》」もいます。

「番犬《ばんけん》」は、イヌの仕事のなかでも、とくに古いものです。

ヒトの生活を助ける（盲導犬《もうどうけん》・聴導犬《ちょうどうけん》・介助犬《かいじょけん》）

「盲導犬《もうどうけん》」は、段差《だんさ》を教えたり障害物《しょうがいぶつ》をさけるなど、視覚障《しかくしょう》がい者《しゃ》が道路を安全に歩けるように手つだうイヌです。

「聴導犬《ちょうどうけん》」は、聴覚障《ちょうかくしょう》がい者《しゃ》の耳の代わりになります。家の中ではドアチャイムや電話のベル、赤ちゃんの泣《な》き声、目覚《めざ》まし時計の音などを知らせたり、外出先ではけむり探知機《たんちき》などの警報音《けいほうおん》を知らせたりします。

「介助犬《かいじょけん》」の仕事は、手足が不自由なヒトの手助けをすることです。落としたものをひろう、指示《しじ》したものを持ってくるといった行動のほかに、ドアを開閉《かいへい》したり、着がえの手つだいなども行います。

こうしたイヌたちの働《はたら》きは、障がい者の自立を助け、社会参加《しゃかいさんか》を可能《かのう》にしています。

盲導犬、聴導犬、介助犬は「身体障がい者補助犬」といい、ペットのイヌが入ることのできない公共施設《こうきょうしせつ》などにも入ることができます。

街《まち》の中でこうした補助犬を見かけたときは、仕事中ですから、なでたりせずに静《しず》かに見守ってください。

ヒトの命や心を見守る（災害救助犬《さいがいきゅうじょけん》・セラピー犬・がん探知犬《たんちけん》）

大きな災害《さいがい》があったときにかつやくする「災《さい》害救助犬《がいきゅうじょけん》」は、するどい嗅覚《きゅうかく》や運動能力《うんどうのうりょく》を生かして、がれきの下にいるヒトをさがす仕事をしています。救助犬にはほかに、山岳救助犬《さんがくきゅうじょけん》や水《すい》難救助犬《なんきゅうじょけん》もいます。

ヒトは、動物を見たりふれあうことでいやされますが、心拍数《しんぱくすう》が安定するなど医学的《いがくてき》にもよい影響《えいきょう》があることが知られています。こうした効果《こうか》を利用《りよう》しているのが「セラピー犬」です。医師《いし》などの専門家《せんもんか》が行う動物介在療法《どうぶつかいざいりょうほう》や、ふれあい活動のような動物介在活動などが注目されています。

イヌの新しい仕事として注目されているもののひとつに、ヒトの尿《にょう》や皮ふ、息《いき》のにおいなどから、がんを見つける「がん探知犬《たんちけん》」があります。がんの早期発見ができるようになるのではないかと、研究が進んでいます。

災害救助犬《さいがいきゅうじょけん》の訓練《くんれん》をするゴールデン・レトリーバー。

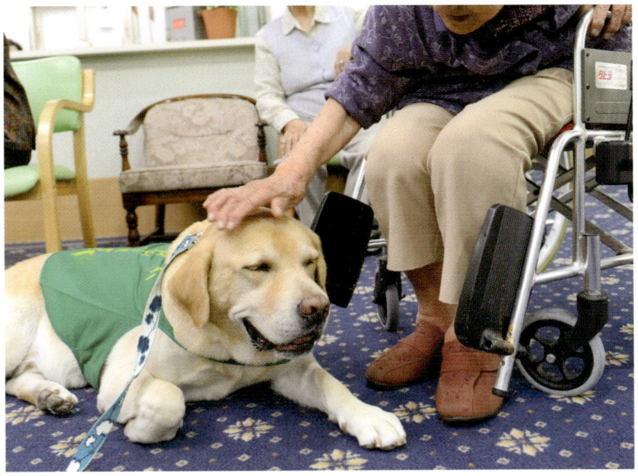
最近では、介護《かいご》しせつや病院をまわってアニマルセラピーを行うボランティア活動がさかんです。

ネコ

ネコに向いた仕事は？

イヌとネコの大きなちがいのひとつは、「仕事」です。ネコも嗅覚《きゅうかく》や聴覚《ちょうかく》はすぐれていますし、運動能《うんどうのう》力《りょく》も高く、鳴き声でヒトに意思を伝《つた》えることもできます。このように、何かの仕事をする能力は備《そな》わっていますが、ネコは単独生活《たんどくせいかつ》をする動物なので、指示《しじ》にしたがって働《はたら》くことに喜《よろこ》びを感じることはありません。そのため、訓練《くんれん》が必要な「仕事」は向いていないのでしょう。

数少ないネコの仕事のひとつは、「セラピー猫《ねこ》」です。老人《ろうじん》ホームなどで人々をいやしているほか、「猫カフェ」にいるネコたちも、来店者をいやすという仕事をしているといえるでしょう。

イヌの病気・ネコの病気

イヌの病気

イヌ

イヌもヒトと同じようにいろいろな病気になります。なかでも皮ふの病気、耳の病気、消化器《しょうかき》の病気などが多くなっています。ダックスフンドの椎間《ついかん》板《ばん》ヘルニア、小型犬《こがたけん》の膝蓋骨脱臼《しつがいこつだっきゅう》、大型犬では股関節形成不全《こかんせつけいせいふぜん》など、犬種《けんしゅ》によってなりやすい病気があることも知られています。

また、腫瘍《しゅよう》や心臓《しんぞう》の病気は、高齢《こうれい》になるとなりやすい病気です。

ジステンパー症《しょう》、パルボウイルス症などの感《かん》染症《せんしょう》は、ワクチン接種《せっしゅ》で予防《よぼう》できる病気です。

狂犬病地図《きょうけんびょうちず》

狂犬病《きょうけんびょう》はイヌだけでなく、ヒトも含《ふく》め、多くのほ乳類《にゅうるい》にうつる可能性《かのうせい》のある病気です。発症《はっしょう》したら100%《パーセント》死亡《しぼう》するおそろしい病気ですが、日本では1950年に狂犬病予防法《きょうけんびょうよぼうほう》という法律《ほうりつ》ができ、イヌに狂犬病予防接種《よぼうせっしゅ》をすることが義務《ぎむ》づけられました。こうした努力《どりょく》により、1957年以来《いらい》、国内で狂犬病は発生していません。こうした国や地域《ちいき》を狂犬病の「清浄国《せいじょうこく》・地域《ちいき》」といい、世界的《せかいてき》に見ても日本、ニュージーランド、オーストラリアなどわずかしかありません(2013年現在《げんざい》)。

厚生労働省健康局結核感染症課《こうせいろうどうしょうけんこうきょくけっかくかんせんしょうか》(2013年7月17日更新《こうしん》)

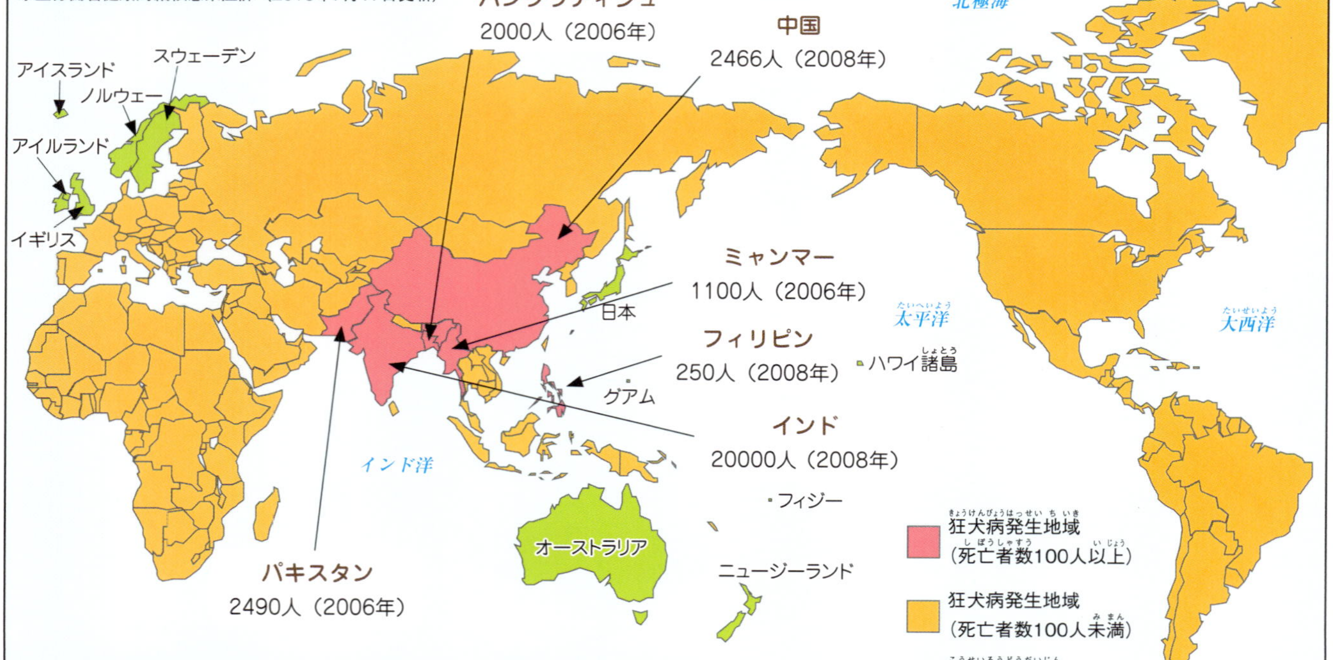

(注1)死亡者数《しぼうしゃすう》はWHO《ダブリューエイチオー》への報告《ほうこく》、関係国から得《え》られた資料《しりょう》に基《もと》づいて一部更新《いちぶこうしん》。
(注2)報告のない国については死亡者数100人未満《みまん》の国とみなしている。

ネコ

ネコの病気

ネコに多い病気は、ひ尿器《にょうき》の病気、消化器《しょうかき》の病気、皮ふの病気などです。

ワクチン接種《せっしゅ》で予防《よぼう》できる病気には、猫汎白血球減少症《ねこはんはっけっきゅうげんしょうしょう》、猫《ねこ》ウイルス性鼻気管炎《せいびきかんえん》、猫白血病《ねこはっけつびょう》ウイルス感染症《かんせんしょう》などがあります。

野生のくらしとのちがいによって起こる病気もあります。たとえばネコはもともと乾《かわ》いた地域《ちいき》にすむ動物で、獲物《えもの》から水分を補給《ほきゅう》するので水をあまり飲みません。しかし、ペットのネコにドライフードのような水分の少ない食べ物ばかりあたえると、水分が不足して尿《にょう》が通る部分に石のかたまりができやすくなります。また、野生のネコは獲物の毛や皮、骨《ほね》もいっしょにかじるので歯垢《しこう》がつきにくく、飲みこんだ毛も消化されない骨といっしょに体外に出しています。ヒトがネコにやわらかい食べ物ばかりあたえていると、歯垢がついて歯周病《ししゅうびょう》になったり、毛玉《けだま》をおなかにためて毛球症《もうきゅうしょう》になったりするのです。

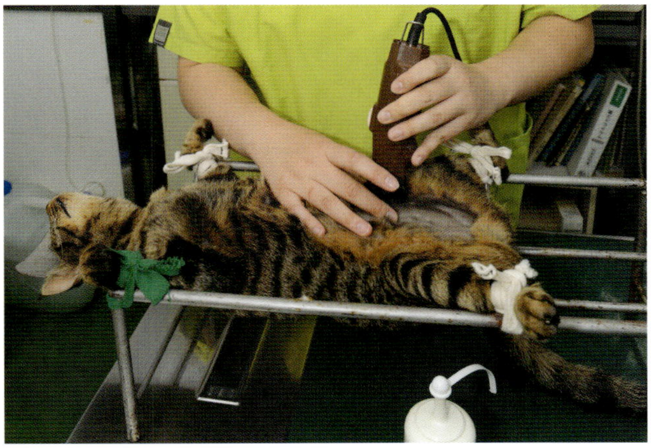

イヌやネコが病気になって手術《しゅじゅつ》が必要《ひつよう》なときには、じゃまにならないように体に生えている毛をそらなければなりません。

コラム

ペットからうつる病気

病気のなかには、動物からヒトへ、またはヒトから動物へとうつるものもあります。

イヌやネコからうつる病気でよく知られているのはノミやダニ、真菌《しんきん》（カビの一種《いっしゅ》）が原因《げんいん》の皮ふの病気、イヌやネコに感染《かんせん》している菌が、かまれたり引っかかれたりすることでうつるネコひっかき病、イヌやネコのほかにミドリガメからも感染するサルモネラ症《しょう》があります。

イヌやネコそのものが病気の原因ではなく、イヌやネコがかかっている病気がヒトにもうつるのです。かまれないようにしつけをする、遊んだあとは手を洗《あら》う、ペットのいる場所は清潔《せいけつ》にしておくなど、きちんとした飼《か》い方《かた》をしていれば病気がうつったりしないのがふつうです。

イヌとネコのお医者さん

ペットを診察《しんさつ》する獣医師《じゅういし》

イヌやネコが病気になったときには、動物病院に連《つ》れていって獣医師《じゅういし》にみてもらいます。動物の治療《ちりょう》（医療行為《いりょうこうい》）は、獣医《じゅうい》師《し》免許《めんきょ》を持っている人だけにみとめられていることです。

動物病院では、獣医師が飼《か》い主《ぬし》から話を聞き取り、ペットの体を診察《しんさつ》したりいろいろな検査《けんさ》をして診断《しんだん》を行います。そして、薬を飲ませる、注射《ちゅうしゃ》や手術《しゅじゅつ》をするなどの治療を行います。

そのほかにも、ワクチンの接《せっ》種《しゅ》や避妊去勢手術《ひにんきょせいしゅじゅつ》などを行います。ペットの正しい飼育方法《しいくほうほう》を指導《しどう》したり、イヌのしつけ教室を行う獣医師もいます。

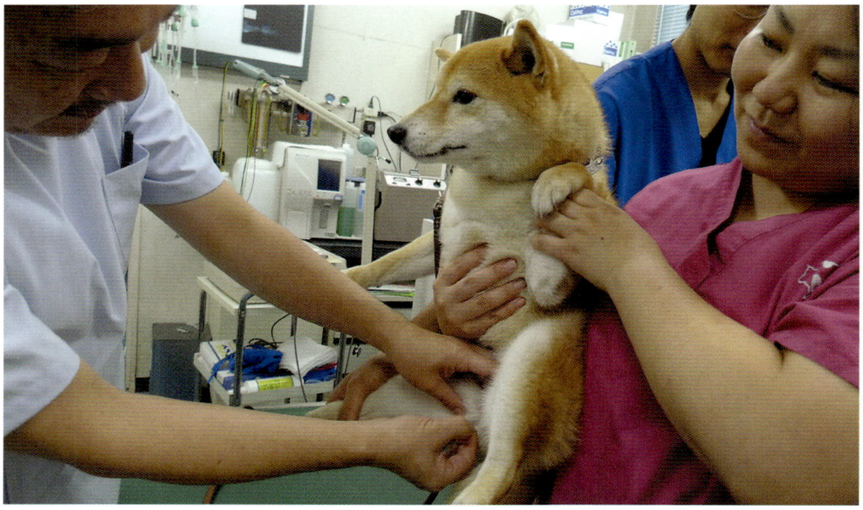

獣医師《じゅういし》の仕事はペットの病気の治療《ちりょう》のほか、健康相談《けんこうそうだん》やワクチンの予防接種《よぼうせっしゅ》、避妊《ひにん》去勢手術《きょせいしゅじゅつ》、飼《か》い主《ぬし》への飼育指導《しいくしどう》などいろいろあります。

そのほかの獣医師《じゅういし》の仕事

ペットの病気を治《なお》す獣医師《じゅういし》だけでなく、ウシやブタ、ウマなどの家畜《かちく》、動物園や水族館にいる動物の治療《ちりょう》を行う獣医師もいます。

動物病院以外《いがい》で獣医師が仕事をする場所には、動物愛護《どうぶつあいご》センターや食肉衛生検査所《しょくにくえいせいけんさじょ》などさまざまなところがあります。

コラム

獣医師《じゅういし》になるには

獣医学課程《じゅういがくかてい》のある大学を卒業《そつぎょう》し、国家試験《こっかしけん》に合《ごう》格《かく》して獣医師免許《じゅういしめんきょ》をとると、「獣医師」になることができます。

ペットの治療《ちりょう》をする獣医師になりたい場合は、獣医師免許をとってから動物病院で働《はたら》き、経験《けいけん》を積《つ》んで自分の病院を開業するのが一般的《いっぱんてき》な道のりです。

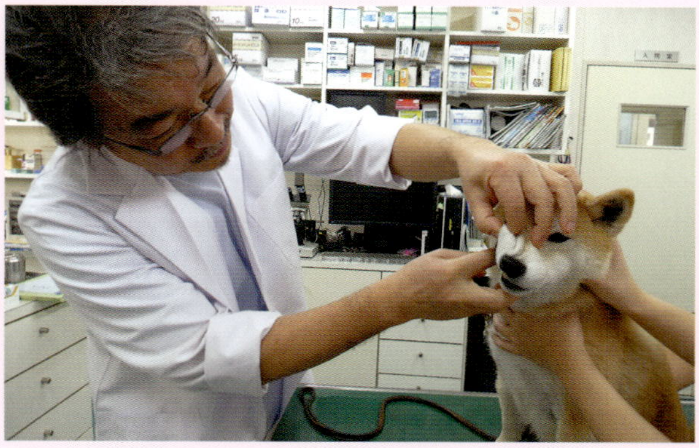

イヌとネコのためのボランティア

いろいろなボランティア活動

ボランティア活動とは、自分たちの意思で、無償《むしょう》で（給料《きゅうりょう》をもらわず）社会にこうけんする活動などをいいます。

大きな災害《さいがい》ではペットも被災《ひさい》します。飼《か》い主《ぬし》とはぐれたり、にげ出してしまったペットは、各地の一時保護施設《いちじほごしせつ》（シェルター）などであずかりますが、その世話をするのがボランティアの人びとです。

動物愛護《どうぶつあいご》センターに引き取られたイヌやネコに、新たな飼い主をみつける手助けや、施設にいる際《さい》の世話、一時的に家であずかるといったボランティア活動もあります。

そのほかにも、盲導犬《もうどうけん》の候補《こうほ》を成犬《せいけん》になるまで家庭で飼育《しいく》する「パピーウォーカー」や、引退《いんたい》した盲導犬を飼《か》うボランティア、高齢《こうれい》や病気が原因《げんいん》で手放されたペットを引き取って最後《さいご》まで面倒《めんどう》を見る看取《みと》りボランティアなど、さまざまなボランティア活動があります。

動物愛護《どうぶつあいご》センターで引き出す犬の性《せい》格《かく》をみているボランティア。

コラム

ボランティア団体《だんたい》からペットをゆずりうける

ペットを飼《か》うときに、動物愛護《どうぶつあいご》センターやペットの保護活動《ほごかつどう》を行うボランティア団体《だんたい》から、保護されているペットをゆずりうけるという方法《ほうほう》もあります。動物病院に里親募集《さとおやぼしゅう》の張《は》り紙《がみ》がしてあることもよくあります。

ペットショップにいるペットとの大きなちがいは、もう大人《おとな》になっているイヌ・ネコが多いということです。子イヌや子ネコのかわいらしさはなくなっていますが、大人のイヌ・ネコを飼うことにも長所があります。性格《せいかく》がはっきりわかっていますし、しつけや社会化もできているイヌ・ネコを選《えら》べば、ペットを初《はじ》めて飼う家庭でもむかえやすいのです。

ボランティア団体からペットをむかえる際《さい》には、家庭環境《かていかんきょう》などにさまざまな条件《じょうけん》がついていたり、面談や家庭訪問《かていほうもん》、トライアル（一時的に飼ってためしてみる）が行われることもあります。これは、ペットを新しい飼い主のもとで終生《しゅうせい》、幸せに飼ってもらうためのものです。

イヌやネコを飼いたいと思ったときには、こうした方法もあるのだということを覚《おぼ》えておくとよいでしょう。

里親ボランティアで引き取ったイヌと飼《か》い主《ぬし》たち。

現代《げんだい》のイヌとネコの問題

イヌ・ネコの殺処分《さつしょぶん》

日本で飼《か》われているイヌの数は約《やく》1034万6千頭、ネコの数は約995万9千頭です*。

しかし現在《げんざい》、保健所《ほけんじょ》や動物愛護《どうぶつあいご》センターでは、約12万８千頭のイヌやネコが殺処分《さつしょぶん》されていて（2013年度）、そのうち飼《か》い主《ぬし》が保健所にもってきたのは約３万７千頭でした。

なぜ飼っていたペットをもってきたかといえば、病気になったペットの治療費《ちりょうひ》が高くて出せない、引っこし先で飼えない、ペットが高齢《こうれい》になった、慣《な》れない、世話がめんどう、かむ・むだぼえなどの問題行動をする、ペットアレルギーになった、自分が高齢になって飼えないなどの理由がありました。しかし理由の多くは、飼う前に考えればわかることや、努力《どりょく》で解決《かいけつ》できることです。どうしても飼えないとしても、新しい飼い主をさがす責任《せきにん》があります。2011年に改《あらた》められた動物愛護管理法《どうぶつあいごかんりほう》で、飼い主はペットを「終生飼養《しゅうせいしよう》」するよう努力しなくてはいけないと決められました。

ペットは家族の一員です。一度家族にむかえたら、最後《さいご》まで責任をもって飼育《しいく》しなくてはなりません。

＊「平成《へいせい》26年全国犬猫飼育実態調査《ねんぜんこくいぬねこしいくじったいちょうさ》」一般社団法人《いっぱんしゃだんほうじん》ペットフード協会《きょうかい》より。

ネコの殺処分《さつしょぶん》をへらす方法《ほうほう》

殺処分数《さつしょぶんすう》のうつりかわりを調べると、イヌは年々へっているのに、ネコはあまりへっていません。とくに、子ネコのしめる割合《わりあい》が多く、2013年に殺処分されたイヌ・ネコのうち約《やく》46%《パーセント》が子ネコです。

その内容《ないよう》は、ペットのネコが産《う》んだ子ネコと、のらネコが産んだ子ネコです。子ネコの殺処分をへらすためには、むやみに子ネコを産ませないようにする必要《ひつよう》があります。

このためもあって、環境省《かんきょうしょう》ではネコは室内で飼《か》うようにすすめています。室内で飼えば、出産《しゅっさん》をコントロールすることができるからです。

また、のらネコにえさをあたえるのはとても無責任《むせきにん》なことだと理解《りかい》しなくてはなりません。えさをもらったネコは体力がつくため、どんどん子どもを産んでしまうからです。

のらネコにえさをあたえることも、殺処分《さつしょぶん》される子ネコがへらない原因《げんいん》のひとつになっています。

子イヌ・子ネコの販売年齢《はんばいねんれい》

子イヌ・子ネコの販売《はんばい》には、「８週齢問題《しゅうれいもんだい》」とよばれる問題があり、動物《どうぶつ》愛護《あいご》管理法《かんりほう》が改《あらた》められるたびに議論《ぎろん》されています。

子イヌ・子ネコがあまりにもおさないうちに親兄弟から引きはなすと、問題行動を起こすことがあるといわれています（38ページ参照《さんしょう》）。問題行動はペットを手ばなす理由のひとつでもあるため、殺処分《さつしょぶん》されるペットをへらすためにも、販売年齢《はんばいねんれい》について正しい理解《りかい》が必要《ひつよう》なのです。

その時期についてはいろいろな意見がありますが、欧米《おうべい》では「８週齢《しゅうれい》（56日）をすぎてからでなければ販売できない」と決めている国もあります。

しかし、ペットを売る側《がわ》にもさまざまな事情《じじょう》があり、ペットに関わるすべての人達《ひとたち》の意見がひとつにまとまっていないのです。

日本では、動物愛護管理法により2016年８月までは「生後45日をすぎるまでは販売してはいけない」と決められ、その後は段階的《だんかいてき》に「生後49日」、「生後56日」とのばされる予定です。

コラム

マイクロチップによるペット情報《じょうほう》の管理《かんり》

東日本大震災《ひがしにほんだいしんさい》では、多くのペットが迷子《まいご》になりました。ふだんでも、にげ出したイヌや、迷子のネコが保護《ほご》されることもあります。しかしたとえ保護されても、どこのペットなのかわからなければ、飼《か》い主《ぬし》のもとにもどることはできません。

このため「マイクロチップ」をペットの体にうめこむ方法《ほうほう》が進められています。マイクロチップの番号と飼い主の情報《じょうほう》をaipo《アイポ》（動物《どうぶつ》ＩＤ《アイディー》普《ふ》及《きゅう》推進《すいしん》会議《かいぎ》）という組織《そしき》に登録《とうろく》することで、ペットが迷子になった場合でも、すぐに情報とてらし合わせることができるのです。

この情報は、売られているペットがどんなふうに流通するか管理《かんり》するのにも役立つとして注目されています。

長さ8～12mm《ミリメートル》ほどの小さなつつの中に記録《きろく》された数字を、センサーでよみとる。

イヌとくらす

番犬《ばんけん》から家族の一員へ

これまでは、イヌは番犬《ばんけん》として庭にいるのが一般《いっぱん》的《てき》でしたが、今は多くの家庭が室内で飼《か》っています。これには、小型犬《こがたけん》の人気が出たこと、高価《こうか》なイヌを外で飼うのをためらう人がいること、住宅密集地《じゅうたくみっしゅうち》では近所めいわくになること、庭のない住宅がふえたことなどいろいろな理由があります。

また、親と子どもだけでくらす核家族《かくかぞく》がふえ、家の中にイヌの居場所《いばしょ》ができたということも、室内飼《しつないし》育《いく》がふえた原因《げんいん》のひとつだと考えられます。

イヌがくらす場所が室内になったことで、飼い主家族との距離《きょり》が近くなりました。実際《じっさい》に近くにいるということだけでなく、心理的《しんりてき》な距離もちぢまり、多くの人たちが「ペットは家族の一員」だと考えているのです。

社会に受け入れられる存在《そんざい》へ

家庭の中でのイヌの存在感《そんざいかん》が大きくなるとともに、飼育用品《しいくようひん》やフードの開発が進み、病気を治《なお》す技術《ぎじゅつ》の向上など、イヌをとりまく環境《かんきょう》はどんどんよくなっています。

ペット飼育可能《しいくかのう》なマンションや、イヌといっしょにとまれるホテルもふえています。また、災害時《さいがいじ》に、ペットといっしょに避難《ひなん》する「同行避難《どうこうひなん》*」がみとめられるなど、社会の中でのイヌの存在《そんざい》も大きなものになっているのです。

しつけやマナーがますます大切に

イヌが「社会の一員」としてみとめられるために、しつけやマナーの重要性《じゅうようせい》がますます高まっています。

しつけをきちんとしていれば、イヌは飼《か》い主《ぬし》のいうことを聞き、ほかの人がいても落ちついてすごすことができます。また、フンを持ち帰る、公共《こうきょう》の場所でブラッシングをしない、指定された場所以外《ばしょいがい》で長いリードを使わない、リードをはなさないなど、飼い主にも守らなくてはならないマナーがあります。社会には、イヌがこわい人、きらいな人や、イヌのアレルギーをもつ人など、いろいろな人がいることをわすれないようにしましょう。

せっかくイヌといっしょに出かけられる場所がふえても、マナーが悪い飼い主がいると、ふたたび「イヌ連《づ》れ禁止《きんし》」になってしまいます。イヌを好《す》きな人にとっても、マナーを守れない飼い主はめいわくなものです。

＊同行避難《どうこうひなん》　災害時《さいがいじ》にペットを家に置《お》いたまま避難すると、何日も家にもどれなかったり、ペットがにげてしまうことがあります。環境省《かんきょうしょう》のガイドラインでは、避難する際《さい》にはペットを連《つ》れていくようにすすめられています。

ブームが生み出す問題点

1990年代のシベリアン・ハスキーブーム、2000年代のチワワブームなど、日本では、特定《とくてい》の犬種《けんしゅ》がブームになることがよくあります。

ブームの問題点のひとつは、その犬種の特徴《とくちょう》を理《り》解《かい》しない飼《か》い主《ぬし》がふえることです。たとえばゴールデン・レトリーバーやラブラドール・レトリーバーは、大型犬《おおがたけん》ですから、長い散歩《さんぽ》や運動が必要《ひつよう》です。小型犬にも多くの運動量《うんどうりょう》が必要な犬種があり、運動不足《うんどうぶそく》でストレスがたまれば、かむ・むだぼえをするなどの問題行動を起こすことがあります。イヌを飼いたいと思ったら、どんな犬種なのかをよく勉強し、きちんと飼えるかどうかを考えて選《えら》ぶようにしましょう。

またブームで人気が出ると、子イヌを無理《むり》にふやしてもうけようとする人があらわれます。親イヌに負担《ふたん》をかけず、遺伝《いでん》する病気などにも注意してはんしょくをする人もいますが、残念《ざんねん》なことにそうではない人もいるのです。

長寿《ちょうじゅ》になったイヌたち

飼《か》い主《ぬし》がペットの健康《けんこう》に気をつかうようになったり、医療技術《いりょうぎじゅつ》が向上したことにより、長生きするイヌがふえてきました。とても喜《よろこ》ばしいことですが、その一方で「介護《かいご》」という問題が出てきました。

イヌが高齢《こうれい》になると、老化《ろうか》のため、病気にかかりやすくなったり、足腰《あしこし》が弱ります。トイレの失敗《しっぱい》や、認知症《にんちしょう》も起きます。ねたきりになれば介護が必要《ひつよう》ですが、大型犬《おおがたけん》の場合とても大変です。

イヌが高齢になったからと動物愛護《どうぶつあいご》センターに引き取りをたのむ人もいますが、最後《さいご》まで責任《せきにん》をもって飼育《しいく》しなくてはなりません。イヌを飼おうと思ったときには、かわいい子イヌのときだけでなく、高齢になったときのことも考えましょう。

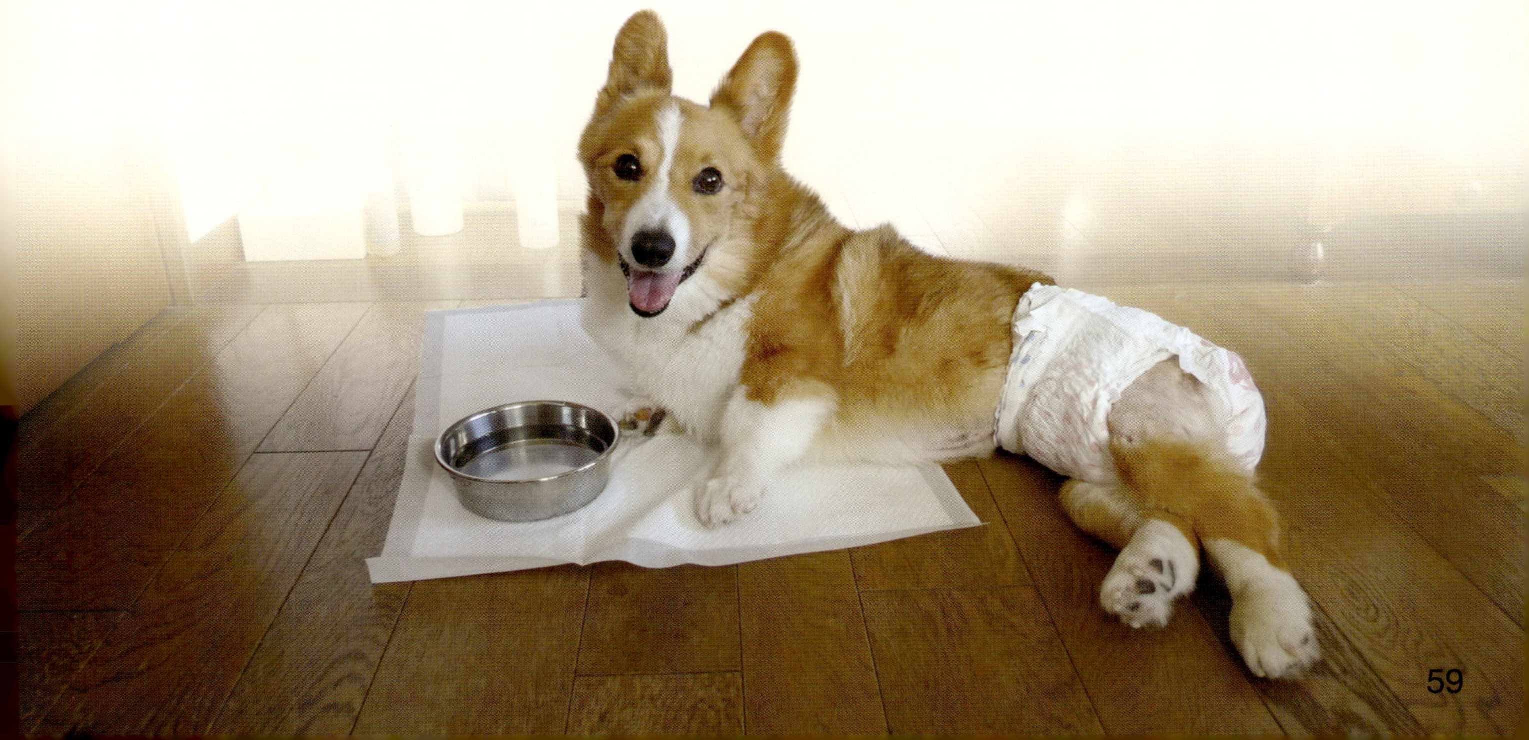

ネコとくらす

室内飼育《しつないしいく》へと変《か》わってきたネコの生活場所

数十年前のネコの飼《か》い方《かた》は、家から外に自由に出入りし、自分の家だけでなくよその家でもえさをもらってくるなど、気ままにくらしているのがふつうのすがたでした。しかし、今では80%《パーセント》近くのネコが室内だけでくらしています。

さらに、純血種《じゅんけつしゅ》のネコはほとんどすべて、室内だけで飼われています。

ネコのトラブル

ネコを屋外に出していると、交通事故《こうつうじこ》、ほかのネコとのケンカによるケガや病気の感染《かんせん》などの問題が起こります。また、ほかのネコのなわばりをさけて歩いているうちに遠くに行ってしまったり、はんしょく相手をもとめて歩いているうちに迷子《まいご》になり、帰ってこられなくなることもあります。

このように、ネコが危険《きけん》な目にあうだけでなく、よその庭にフンやおしっこをしたり、車に足あとや引っかききずをつけるなど、他人にめいわくをかけることもあります。

また、避妊去勢手術《ひにんきょせいしゅじゅつ》をしていないネコが外に出て行くと、どこかで交尾《こうび》をして子ネコがふえてしまいます。ネコは年に1～4回の発情《はつじょう》があり、一度に3～5頭の子ネコが産《う》まれます。自由にはんしょくさせていればどんどん数がふえます。

のらネコが産む子ネコの数をへらすことも必要《ひつよう》です。そのために行われているのが「地域猫活動《ちいきねこかつどう》」です。近隣《きんりん》のネコの管理《かんり》を地域住人が行うもので、えさやりをコントロールする、避妊去勢手術をする、えさのあとしまつやフン便《べん》のかたづけもする、といったことが主な活動内容《かつどうないよう》です。地域のめいわくにならないようにしながら、じょじょにのらネコの数をへらしていくのが目的《もくてき》です。

ネコにもある？　猫種《ねこしゅ》ブーム

日本でも海外でも、飼《か》われている数が圧倒的《あっとうてき》に多いのは雑種《ざっしゅ》ネコですが、純血種《じゅんけつしゅ》のネコたちにも根強い人気があります。古くはペルシャやシャム、少し前だとアメリカンショートヘアが大人気でした。今、最《もっと》も人気のある種類《しゅるい》は、スコティッシュフォールドでしょう。

人気が出ると無理《むり》にふやそうとする人がいるのはイヌと同じです。たとえばスコティッシュフォールド特有《とくゆう》の「耳が折《お》れる」という外見をもった子ネコを産《う》ませるために、耳が折れているネコどうしをはんしょくさせると、遺伝子《いでんし》の関係《かんけい》で、骨《ほね》の病気をもつ子ネコが生まれることが知られています。ブームのかげで、不幸《ふこう》なペットが生まれていることも知っておきましょう。

長生きになったネコ

飼《か》い主《ぬし》がネコの健康《けんこう》に気を配るようになったこと、医療技術《いりょうぎじゅつ》の進歩、そして完全室内飼育《かんぜんしつないしいく》のネコがふえたことにより、ネコの寿命《じゅみょう》も長くなりました。20歳《さい》のネコもそれほどめずらしいものではありません。

長生きになれば、病気もしますし、足腰《あしこし》が弱るなどの問題もみられるようになります。また、ネコはねている時間が長く気ままにくらしているため、気がつきにくいのですが、認知症《にんちしょう》になることもあるといわれています。

ネコとのつきあい方

ネコは群《む》れを作らず、単独《たんどく》でくらしていた動物です。ペットとして飼《か》われるようになってからも、自由で気ままな生活をしています。だっこしようとするとにげてしまうなど、なかなか思うようになってくれないのが、ネコの魅力《みりょく》のひとつでもあります。

しかし、ヒトと同じ空間でくらすからには、ネコにもルールを守ってもらう必要《ひつよう》があります。爪《つめ》とぎの場所やトイレのしつけは、守ってほしいルールの代表的《だいひょうてき》なものです。こうしたことを教えるときも、無理《むり》やり教えるのではなく、ネコが自然《しぜん》とそうしたくなるように環境《かんきょう》を整えるというのがポイントです。上手にできたときにはよくほめてあげましょう。

また、ネコにも「社会化期」は重要《じゅうよう》です。ネコを飼っている家に遊びに行っても、その家のネコがこわがりですがたを見せてくれない、ということがあります。このような人見知りのネコにならないようにするには、いろいろな経験《けいけん》をさせてあげるとよいでしょう。

さくいん

【あ】

【か】

【さ】

【た】

【な】

【は】

【ま】

【や・ら・わ】

写真 ● 浜田一男

著 ● 大野瑞絵

監修 ● 林 良博（独立行政法人　国立科学博物館館長）

編集 ● ニシ工芸株式会社（佐々木裕・高瀬和也）

装丁・デザイン ● ニシ工芸株式会社（小林友利香・西山克之）

企画 ● 岩崎書店編集部

写真提供・協力 ● NPO法人アニマルセラピー withワン ＆ 佐々木和子（ジョイ）／Shutterstock.com／五井動物病院／ココニャン一家の縁結び／特定非営利活動法人ピースウィンズ･ジャパン（ハルク）／吉胡貝塚資料館／秋元理美（ハル）／植松雅美（なつき）／押切千夏／菊地久美子（シュガー）／窪田雅幸、佐知子、柊哉、栞（ひま）／佐藤まどか／殿岡司（ルイ）／根岸秀（一郎）／濱口栄一（シュシュ）／緑川由香（バンビ）／吉田喜美子（銀次）

イラスト ● 長澤洋／古沢博司

ロゴマーク作成 ● 石倉ヒロユキ

〈参考文献〉

『愛玩動物飼養管理士〈1級〉教本　第1巻』2013年、監修：愛玩動物飼養管理士認定委員会（公益社団法人日本愛玩動物協会）
『愛玩動物飼養管理士〈1級〉教本　第2巻』2013年、監修：愛玩動物飼養管理士認定委員会（公益社団法人日本愛玩動物協会）
『愛玩動物飼養管理士〈2級〉教本　第1巻』2013年、監修：愛玩動物飼養管理士認定委員会（公益社団法人日本愛玩動物協会）
『愛玩動物飼養管理士〈2級〉教本　第2巻』2013年、監修：愛玩動物飼養管理士認定委員会（公益社団法人日本愛玩動物協会）
『猫の教科書』2009年、著：高野八重子、高野賢治（ペットライフ社）
『くわしい犬学』2011年、編集：くわしい犬学編集委員会（誠文堂新光社）
「Dogs and cats are brighter than some humans」
http://blogs.telegraph.co.uk/news/peterwedderburn/100064710/dogs-and-cats-are-brighter-than-some-humans/

＊この本に掲載されている情報は特に記載のない場合、2015年9月現在のものです。

調べる学習百科　くらべてわかる！　イヌとネコ
ひみつがいっぱい　体・習性・くらし　　NDC481

2015年11月20日　第1刷発行
2025年 2 月15日　第5刷発行
写　真　浜田一男
著　　　大野瑞絵
監　修　林　良博
発行者　小松崎敬子
発行所　株式会社岩崎書店
〒112-0014　東京都文京区関口2-3-3 7F
電話（03）6626-5080（営業）／（03）6626-5082（編集）
ホームページ https://www.iwasakishoten.co.jp
印刷・製本　大日本印刷株式会社
ISBN:978-4-265-08433-3　64頁　22×29cm
Published by IWASAKI Publishing Co.,Ltd.　Printed in Japan
ご意見ご感想をお寄せ下さい。e-mail info@iwasakishoten.co.jp
落丁本・乱丁本は小社負担でおとりかえいたします。